Der Typbegriff in der Geographie
Eine disziplingeschichtliche Studie

Europäische Hochschulschriften

Publications Universitaires Européennes

European University Studies

Reihe III

Geschichte und ihre Hilfswissenschaften

Série III Series III

Histoire, sciences auxiliaires de l'histoire

History and Allied Studies

Bd./Vol. 659

PETER LANG

Frankfurt am Main · Berlin · Bern · New York · Paris · Wien

Hans-Friedrich Wollkopf

Der Typbegriff in der Geographie

Eine disziplingeschichtliche Studie

PETER LANG
Europäischer Verlag der Wissenschaften

Die Deutsche Bibliothek - CIP-Einheitsaufnahme

Wollkopf, Hans-Friedrich:

Der Typbegriff in der Geographie : eine disziplingeschichtliche Studie / Hans-Friedrich Wollkopf. - Frankfurt am Main ; Berlin ; Bern ; New York ; Paris ; Wien : Lang, 1995
(Europäische Hochschulschriften : Reihe 3, Geschichte und ihre Hilfswissenschaften ; Bd. 659)
Zugl.: Greifswald, Univ., Diss. B, 1988
ISBN 3-631-47251-X

NE: Europäische Hochschulschriften / 03

ISSN 0531-7320
ISBN 3-631-47251-X

Printed in Germany 1 2 3 4 5 7

INHALTSVERZEICHNIS

VORWORT

Die typologische Arbeitsweise wird in der Geographie breit angewendet und zunehmend auch von ihrem methodologischen Gehalt her diskutiert. Die vorliegende Arbeit verfolgt das Ziel, diese Diskussion auf einen bisher wenig beachteten Aspekt auszuweiten, den der Genese und Begriffsgeschichte. Mit Hilfe historisch-bilanzierender Untersuchungen wird ein Weg erschlossen, die Vielfalt der von Geographen praktizierten typologischen Ansätze überschaubar zu machen und nicht zuletzt auch im Hinblick auf aktuelle Forschungsaufgaben zu ordnen.

Das Interesse des Verfassers an diesem Arbeitsziel reicht relativ weit zurück. Vor allem beruht es auf Erfahrungen mit eigenen siedlungs- und agrargeographischen Typisierungen in den 50er und 70er Jahren. Aufgegriffen wurden hier Anregungen selbst aus der Greifswalder Studienzeit, speziell aus der Linguistikausbildung (Vergleichende Sprachwissenschaft, Vergleichende slawische Philologie).

Die Arbeit entstand als Dissertation (B) im Rahmen einer außerplanmäßigen wissenschaftlichen Aspirantur an der Ernst-Moritz-Arndt-Universität Greifswald (an der damaligen Sektion Geographie) und wurde dort am 3. November 1988 verteidigt. Gutachter waren die Herren Professoren Benthien (Greifswald), Fabian Greifswald) und Roubitschek (Halle). Ihnen gilt auch heute mein herzlicher Dank für ihre persönliche und fachliche Unterstützung.

Frau Swetlana Sholobnjuk und Herr Gerhard Bursian stellten die Druckvorlage her. Frau Dr. Claudia Frank aus der Berliner Filiale des Verlages Peter Lang GmbH übernahm die verlegerische Betreuung. Hier bedanke ich mich ebenfalls herzlich für die tatkräftige Hilfe und manches Entgegenkommen.

Halle, im Juli 1994 *Hans-Friedrich Wollkopf*

1. Einleitung und Aufgabenstellung

Eine der bedeutsamen Tendenzen in der Wissenschaftsentwicklung der Gegenwart ist die zunehmende Hinwendung des wissenschaftlichen Denkens zu sich selbst. Moderne Wissenschaft ist stärker als die klassische auf methodologische Untersuchungen angewiesen; ihre "Methodologiegebundenheit" richtet sich vor allem auf die Regulative der Gewinnung, Reproduktion, Vermittlung und Anwendung wissenschaftlichen Wissens.
Die Einheit von Erkennen, Denken, Sprache und Methode konkretisiert sich in vielfältigen Formen und stellt sich - im Sinne der Wechselbeziehung von Logischem und Historischem - als ein geschichtlich variabler, sich ständig entwickelnder Zusammenhang dar. Als wichtige Aufgabe leitet sich hieraus die kritische Aufarbeitung des gewachsenen und ererbten wissenschaftsmethodologischen Potentials ab. Bei den Natur-, den technischen und den Geisteswissenschaften lassen sich drei Entwicklungstypen - qualitativ aufeinander aufgebaut - unterscheiden:
- der Typ empirisch-beschreibender,
- der Typ theoretisch-synthetischer und
- der Typ der mathematisierten Wissenschaften

(Die Wissenschaft von der Wissenschaft, 1968, S.134 ff.).

Geht es anfangs um die systematische Vergrößerung und Analyse des Informationsfundus, um die breite Entfaltung von Beobachtungs- und experimentellen Methoden, so treten auf der nächsten Stufe das Problem der Zusammenfassung und Strukturierung der Informationskomplexe, die Synthetisierung und theoretische Verallgemeinerung in den Vordergrund; der dritte Typ schließlich setzt eine spezifische Form des synthetischen (theoretischen) Typs voraus, bei der in hohem Maße die Mathematik und die formale Logik als Methode zur Begründung der Theorien verwendet werden (a.a.O., S.138). Aus dieser Typenfolge der Wissenschaften ist zu ersehen, daß auf jeder Stufe spezifische Mittel der Erkenntnisgewinnung im Vordergrund stehen, daß die qualitativen Ansprüche an Struktur, Leistungsfähigkeit und Einsatzeffektivität mit den Entwicklungsstufen wachsen und

daß sich permanent ein besonderer Prozeß der Transformation wie auch der Ablösung, ferner der Erweiterung und Ergänzung solcher Mittel vollzieht, was es dann im konkreten Fall zu durchforschen gilt.
Die Gliederung der Wissenschaften nach den drei Entwicklungstypen führt inhaltlich wie formal bereits an das Untersuchungsobjekt der vorliegenden Studie heran. Behandelt wird das ***Bilden von Typen***. Typen spielten und spielen als Erkenntnisinstrument eine wichtige Rolle - in der Breite der Fachwissenschaften wie auch in einem bereits langen historischen Abschnitt der Wissenschaftsentwicklung. Gegenstand ist der *Typbegriff in der Geographie* in seinen historischen Bezügen und seiner Anwendungsstruktur. Hauptsächlich auf der Basis *sprach- und begriffsgeschichtlicher Erschließungsarbeit* soll hier aus dem Blickwinkel einer Wissenschaftsdisziplin auch dazu beigetragen werden, für die allgemeinmethodologische Erforschung des Typproblems Erkenntnisse zu gewinnen.

1.1. Problemanalyse

Grundsätzlich ist festzustellen, daß die Bildung von Typen (= das Typisieren, gelegentlich auch als Typologisieren oder Typung bezeichnet) der ideellen Aneignung und Beherrschung der Mannigfaltigkeit der realen Erscheinungen dient.
Die Typenbildung stützt sich auf die *vergleichende Analyse gleichartiger Objekte*. Jedes Objekt besitzt eine bestimmte Merkmalsstruktur. Die gemeinsamen wesentlichen (invarianten) Objektmerkmale bilden die Ausgangsbasis für das Typisieren. Je nach dem Erkenntnisziel erfolgt eine Merkmalsauswahl, die in die Typen eingeht (Typenextraktion).
Die Typenbildung ist zugleich *gedankliche Synthese*. Typen bilden Objekte in idealisierter Form ganzheitlich ab. Die ausgewählten Merkmale werden mittels eines Typs in ein bestimmtes Verhältnis zueinander gebracht, zusammengefaßt, synthetisiert. Die Formen der typisierenden Synthese reichen von einfacher Merkmalskombination bis in die Bereiche höherer theoretischer Verarbeitung.
Mit der Bildung von Typen werden unterschiedliche ***Ziele im Erkenntnisprozeß*** verfolgt. Generell geht es um das Aufdecken und Sichtbarmachen innerer Gesetzmäßigkeiten von Objektstrukturen. Vorrang hat die Ordnungs- bzw. Systematisie-

rungsfunktion (vgl. WINDELBAND 1973, S.14). Weitere Funktionen können eine Rolle spielen:

- Reduktion bzw. Verdichtung großer Informationsmengen
- Wissensspeicherung
- Veranschaulichung
- Vorbereitung terminologischer Fixierungen u. ä. m.

Typen sind aus Vergleichsoperationen entstanden, und sie ermöglichen ihrerseits Vergleiche auf höherer komplexer und theoretischer Ebene (Strukturvergleiche, Vergleiche funktionaler Abhängigkeiten, Vergleiche von Kausalzusammenhängen usw.; vgl. die "logischen Typen von Gegenständen" bei WESSEL 1986, S.347 ff.). Große heuristische Spielräume und Kräfte liegen in der systembildenden und systemstützenden Potenz, die der Arbeit mit Typen eigen ist und die mit der Bezeichnung "*Typo**logie***" treffend widergespiegelt wird.

Zu den zahlreichen Fachwissenschaften, die sich typisierender Arbeitsweisen bedienen, gehören vor allem die Biologie, Psychologie, Soziologie, Betriebswissenschaft, Sprachwissenschaft, Völkerkunde, Archäologie, Bodenkunde, Forstwissenschaft, nicht zuletzt die Mathematik (Typentheorie von RUSSELL u. WHITEHEAD). Allerdings ist die methodologische Relevanz, die der Konstituierung von Typen beigemessen wird, von Disziplin zu Disziplin unterschiedlich.

Als Mittel zur Beherrschung der Mannigfaltigkeit ausgelegt, erscheinen Typenbildungen selbst in großer Formenmannigfaltigkeit und in vielen methodischen Varianten. Besonders auffällig ist der Widerspruch zwischen ihrer weiten, in der Tendenz wohl immer noch zunehmenden Verbreitung und dem zur Zeit kaum lösbar erscheinenden *Problem, eine elementare Typenlehre zu erstellen*, durch welche fachübergreifend ein allgemeines, umfassendes Erklärungsmodell des Typisierens, eine Systematik der Erkenntnisziele, Verfahrensregeln, logischen Strukturen, begrifflichen Determinationen vermittelt werden kann. Die mit Typen oft verbundenen Elemente des Unscharfen, Hypothetischen, Experimentellen, Provisorischen hatten LIEDEMIT (1965) sogar bewogen, in Typologien lediglich frühe Stufen der wissenschaftlichen Erkenntnis zu sehen (S.1493), die durch exaktere Arbeitsweisen zu ergänzen bzw. abzulösen seien. Diese fundamentalkritische

Ansicht wird jedoch von anderen Autoren nicht gestützt; vielmehr geht es darum, den Typisierungen möglichst über mehrere Arbeits- und Erkenntnisstufen hinweg den Charakter des Oberflächlichen zu nehmen und schließlich zu "definierten" und zugleich heuristisch fruchtbaren Typen zu gelangen (vgl. NEEF 1967, S.78; VOIGT 1983, S.942).

Für oberflächliches Typisieren und für Typunschärfen gibt es unterschiedliche Ursachen. Sie können im persönlich-subjektiven Bereich der Bearbeiter liegen (unzweckmäßige Objekt- bzw. Merkmalsauswahl, unklare Zielbestimmung, methodische Inkonsequenzen, mechanistische Typisierungskonzepte, Nichtverfolgen weiterreichender Erkenntnisziele über die bloße Konstruktion von Typen hinaus usw.).

Wesentlich ernster sind jene Probleme zu nehmen, die sich aus Widersprüchen und Unsicherheiten im logisch-kategorialen Feld ableiten, die also mangelnder methodologischer Durcharbeitung geschuldet sind. Dazu ein Beispiel.

Für die ***logische Charakterisierung*** spielen zwei Kategorienpaare eine wichtige Rolle: *Typ - Individuum* und *Typ - Klasse.*

Relativ eindeutig sind die Beziehungen zwischen Typ und Individuum. Drückt sich im Individuum die abstrakte Hervorhebung der relativen Selbständigkeit, Besonderheit und Eigentümlichkeit eines Objektes aus (vgl. PAWELZIG 1983, S.383), so basiert der Typ - ebenfalls als Abstraktum - auf gemeinsamen wesentlichen Merkmalen von Objekten. Die Typenbildung kann nur aus der Untersuchung von Individuen heraus erfolgen (LAUTENSACH 1953, S.11). - Völlig kontrovers hingegen fallen die Darstellungen des Verhältnisses Typ - Klasse aus. Teils werden beide Kategorien - bewußt oder unbewußt - gleichgesetzt, teils zusammenhanglos gegenübergestellt ("Klasse" durch Klassenbreiten und Klassengrenzen bestimmt; "Typ" als Zentralpunkt definiert, ohne das Problem äußerer Begrenzung). Teils umschließt der Begriff "Klassifikation" die Typisierung (VOGEL 1975, S.3), teils werden umgekehrt Klassensysteme als Spezialfälle von Typologien aufgefaßt (so bei BAUMANN 1971, S.17). Teils gilt das Typisieren als erster, das Klassifizieren als zweiter Schritt wissenschaftlichen Denkens (so in der Geographie bei MERESTE und NYMMIK 1984, S.208), teils werden Gruppierung und Klassifizierung als methodische Vorstufen einer Typisierung angesehen. Die letzterwähnte Auffassung,

die von KUGLER (1974) und SCHOLZ (1980) vertreten wird und die zwischen Gruppe, Klasse, Typ qualitativ unterscheidet sowie von der Repräsentanzfunktion des Typs gegenüber einer Klasse von Objekten ausgeht, hatte vornehmlich in der ostdeutschen Geographie Verbreitung gefunden. KUGLER (1974, S.142) definiert aus dieser Sicht, "daß der Typ als der allgemeine, abstrakte Vertreter einer Klasse bzw. eines Taxons zu verstehen ist, der die invarianten Merkmale einer Klasse widerspiegelt bzw. besitzt ...". Und SCHOLZ stellt in Anknüpfung an KUGLER fest, daß eine Typisierung die wesentlichen Strukturmerkmale und Entwicklungszusammenhänge der dem jeweiligen Typ zugeordneten Objekte widerspiegelt, "während die Klassifizierung eine Zusammenfassung nach einem oder einigen qualitativen Merkmalen und die Gruppierung eine Zusammenfassung nach quantitativen Merkmalen darstellt" (1980, S.129).
Ein wichtiger Anknüpfungspunkt für die logische Analyse der Typenbildung ist auch gegenwärtig noch das Werk von HEMPEL u. OPPENHEIM "Der Typusbegriff im Lichte der neuen Logik" (1936). Von geographischer Seite hat THÜRMER (1983, 1985) zur logischen Struktur des Typproblems Stellung genommen.

Mit den Fragen der logischen Charakterisierung eng verknüpft ist die ***begriffliche Seite des Arbeitens mit Typen.*** Typen sind Denkprodukte und Abbilder der objektiven Realität. Im allgemeinen - doch nicht ausschließlich - werden sie verbal gekennzeichnet. Sie fließen in die fachsprachliche Verständigung ein, werden jedoch nur selten zu lexikalischen Einheiten und damit festen Bestandteilen von Fachwörterbüchern. Der begriffliche Aspekt bedarf also einer differenzierteren Darstellung nach folgenden Schwerpunkten:

- kategoriale Stellung,
- Bedeutungsstruktur,
- sprachliche und andere Realisierungen des Typbegriffs.

Hinsichtlich der *kategorialen Stellung des Typbegriffs* ist zu vermerken, daß neben den engen Beziehungen zu "Individuum" und "Klasse" Verknüpfungen mit den Begriffen "Form", "System", "Ordnung" bzw. "Taxonomie" bestehen. Auch zum Modellbegriff gibt es Verbindungen. WIRTH (1979, S.135) kennzeichnete die Typenbildung "als eine der 'normalen' Modellbildung vorgeschaltete zusätzliche Modellbildung", und für VOIGT (1983, S.941) ist ein Typ ein "allgemeines wissenschaftlich-theoretisches Modell".

In der *Bedeutungsstruktur des Typbegriffs* manifestiert sich das "korrelative Verhältnis von Denken und Sprache" (ALBRECHT 1975, S.10): Begriffe als Einheiten des Denkens sind in bestimmten sprachlichen Einheiten, den Wörtern, materialisiert. Wörter "transportieren" damit die Bedeutungen von Begriffen. Für die Bedeutungsanalyse des Typbegriffs ist demnach die Frage zu stellen, von welchen anderen Wörtern das Wort "Typ" vertreten werden kann. Werden dazu Wörterbücher herangezogen, so überrascht die große Anzahl von "Typ"-Synonyma. Tab. 1 (S.16/17) führt allein 40 auf. Diese lassen sich nach mehreren Gruppen (bzw. nach Bedeutungskernen, mit je einem Leitwort) einteilen und umreißen damit bereits grob die inhaltlichen Konturen (die Intension) des Typbegriffs. Darauf wird später in Verbindung mit umfangreicherem Wortmaterial noch zurückzukommen sein. Festzustellen bleibt hier, daß in die Bedeutung des Typbegriffs aus allgemeinsprachlicher Sicht zwei Hauptaspekte eingehen:

der Aspekt des Abbildens und der Aspekt des Ordnens.

Dies stimmt mit der Aussage PAWŁOWSKIs (1975, S.23) überein, daß Typbegriffe im Prinzip aus zwei Elementen bestehen,

- aus einem bestimmten Klassenbegriff,
- aus einem System entsprechender Ordnungsbegriffe.

Festzustellen ist hier weiter, daß im Typbegriff eine größere Anzahl von Bedeutungskernen vereinigt ist, von denen einige nur locker verflochten erscheinen. So ist es durchaus berechtigt, wenn einige Autoren (z.B. TERTON, PAWŁOWSKI) nicht von *dem* Typbegriff, sondern von Typbegriffen bzw. typologischen Begriffen sprechen.

Tabelle 1: Synonyma des Wortes "Typ", gegliedert nach Bedeutungskernen

A. Abbildaspekt			
1. Einfaches ikonisches Widerspiegeln	2. Physiognomisch-ganzheitliches Widerspiegeln	3. Ganzheitliches Widerspiegeln des inneren Wesens	4. Struktural-dimensionales Widerspiegeln
Abbildung	***Gestalt***	***Charakter***	***Bauart***
Abbild	*Aussehen*	*Gepräge*	*Bauplan*
Abdruck	*Form*	*Verkörperung*	*Modell*
	Idealform	*Eigenart*	
	Figur	*Schlag*	
	Gesamteindruck	*Grundzug*	
	Gesamtvorstellung	*(Wesens-)Art*	

B. Ordnungsaspekt		
1. Individuenzuordnung zu idealisierten Grundformen	2. Individuenzuordnung zu Repräsentativindividuen	3. Individueneinordnung in ein hierarchisches System
Grundform	***Muster***	***Gattung***
Urform	*Musterbild*	*Art*
Urgestalt	*Beispiel*	*Klasse*
Grundgestalt	*Repräsentant*	
Urbild	*Vertreter*	
Idealfall	*Vorbild*	
Symbol	*Leitform*	
Leitbild		
(feste) Norm		
Richtmaß		

Wichtigste Quellen:

- WEIGAND, Fr.L.K.: Deutsches Wörterbuch.(2 Bde) Gießen 1909- 1910 (Nachdruck Westberlin 1968); Bd.2, Sp.1093
- Der kleine Brockhaus. Handbuch des Wissens in einem Band. Leipzig 1928, S.727
- Deutsches Wörterbuch von Jacob u. Wilhelm Grimm. 11.Bd.,I.Abt./II.Teil Treib-Tz. Leipzig 1952, Sp.1961-1967
- Meyers Neues Lexikon. 2., völlig neuerarb. Aufl. in 18 Bdn. Leipzig 1971-1978. Bd.14(1976), S.125

(Fortsetzung von Tab. 1/S.16):

- Meyers Enzyklopädisches Lexikon. 25 Bde. Mannheim-Wien-Zürich 1971-1979. Bd.24(1979), S.61,63
- Der Große Duden. 20.Aufl.Leipzig 1979, S.511
- Fremdwörterbuch naturwissenschaftlicher und mathematischer Begriffe. 4.überarb.u.erw.Aufl.Köln 1982. Bd.2, S.710
- BROCKHAUS WAHRIG: Deutsches Wörterbuch in 6 Bänden. Wiesbaden-Stuttgart 1980-1984. Bd.6 (1984), S.325
- Großes Fremdwörterbuch. 5.durch es.Aufl.Leipzig 1984, S.784

Ein weiterer wichtiger Teilaspekt ist die Vielfalt der *Realisierungen des Typbegriffs*. Zum einen verwirklicht sich der Typbegriff mit seinen Bedeutungskernen in einer inzwischen unüberschaubaren Menge von gedanklichen Konstruktionen und Determinationen. Typenbildung tritt hier als methodisches Problem in den Vordergrund. Typen sind auf induktive bzw. reduktive Weise oder deduktiv zu konstituieren. Sie können über einer Gesamtheit von Objekten abstrahiert, als Extrapolationsmittel im Ergebnis einer Detailanalyse von wenigen Objekten gewonnen oder aus theoretischen Grundsätzen und Überlegungen heraus konstruiert werden (vgl. WINDELBAND 1973, S.36 ff.). SCHOLZ (1980, S.132) schlägt für die Resultate dieser drei Hauptvarianten der Typenbildung die Termini "Empirio-Typus", "Standard-Typus" und "Ideal-Typus" vor, wobei die letztgenannte Bezeichnung nichts mit Max WEBERs Idealtypen-Konzept zu tun hat.
Zum anderen ist im sprachlichen Bereich das Wort "Typ" der Ausgangspunkt für eine Fülle von Wortbildungsaktivitäten geworden. Je nach Bedeutungskern wird "Typ" hier vor allem mit sachlichen, methodischen, taxonomischen Komponenten befrachtet. Im Ergebnis entstand eine riesige Wortfamilie mit einer breiten Übergangszone zum präterminologischen und allgemeinsprachlichen Feld hin.

Schließlich ist darauf hinzuweisen, daß sich - wie bereits weiter oben ausgeführt - der Typbegriff entscheidend in Systemzusammenhängen realisiert. TERTON schreibt, "daß typologische Begriffe in den Wissenschaften niemals isoliert, sondern stets in Gestalt von Begriffssystemen (Typologien) auftreten. In einigen Fällen sind Typologien identisch mit den üblichen klassifikatorischen Systemen und haben keine darüber hinausgehenden Funktionen. In der Regel werden jedoch an Typologien höhere Anforderungen als an klassifikatorische Systeme gestellt, da man hier über eine bloße Einordnung und Bestimmung von Objekten noch weitergehende Erkenntnisse über diese Objekte gewinnen will" (1973, S.259).

Leiten wir nun zu einigen die ***Entwicklung der Typenbildung*** betreffenden Bemerkungen über. Der *historische Aspekt* verbindet sich mit allen anderen Elementen des methodologischen Komplexes. Er erfaßt also die Entstehung, die Reifeprozesse und Wandlungen des Typisierens, die Ausprägung der Erkenntnisfunktionen in Übereinstimmung mit den grundlegenden Bewegungsrichtungen des Denkens und der Wissenschaft, die Festigung des logischen Grundgerüstes, die Herausbildung eines begrifflich-terminologischen Überbaues, die konkrete Ausgestaltung der Ziel-Mittel-Relationen, die Qualifizierung zum Element wissenschaftlicher Systematik. Ein besonderer Faktor der Entwicklung der typologischen Arbeitsweise ist die Geschichte des Typbegriffs mit seinen sprachlichen Realisierungen. Begriff und Wort stehen auch hier in engem Zusammenhang. Begriffsgeschichte wird vor allem durch Wortgeschichte vermittelt und sichtbar sowie faßbar gemacht. Begriffs- und Wortgeschichte stehen im Verhältnis von Wesen und Erscheinung. Es ist also von grundsätzlichem Wert, die Entwicklung des Wortgebrauchs von "Typ" und seine verschiedenen Etappen zum Gegenstand eingehender Analysen zu machen. Dabei interessieren unter anderem folgende Prozesse:

a) *Terminologisierung*

Erhält ein gemeinsprachliches Wort den Charakter eines Terminus, so ist dieser Vorgang mit SCHIPPAN (1984, S.245) als Terminologisierung zu bezeichnen. Der Eintritt des Wortes "Typ" in den wissenschaftlichen Gebrauch, die zugrundeliegenden Motive, Bedingungen, seine Ausbreitung als Innovation bilden hier den Schwerpunkt. TIRYAKIAN, ein US-amerikanischer Soziologe, wies darauf hin, daß Deutschland Ausstrahlungszentrum für typologische Untersuchungen aller Art gewesen ist (aus Gründen, die ihm - wie er bekennt - unklar seien; 1968, S.183).

b) *Taxonomisierung*

Die Ausübung von Ordnungsfunktionen stellt sich im allgemeinen als ein langzeitlicher Qualifizierungs- oder Profilierungsprozeß dar. Es ist also nach der Art und Weise zu fragen, wie sich das Ausprägen von Ordnungsfunktionen - die Taxonomisierung - in den Wortverwendungen von "Typ" niederschlägt.

c) *Metrisierung*

Mit dem Übergang "von einer mehr beschreibend-typisierenden und klassifizierenden zu einer dimensionalen, auf Anwendung von metrischen und skalierenden Methoden basierenden Forschungskonzeption" formiert sich in den Wissenschaften zunehmend eine "metrisch-dimensionale Betrachtungsweise" (LIEDEMIT 1965, S.1496 u. 1498), deren aktuelle Tendenzen und Konsequenzen für die Typenbildung wie für den Wortgebrauch und die Bedeutungsstruktur von "Typ" zu beachten sind.

Aus dieser allgemeinen Übersicht, die nur einige wenige ausgewählte Gesichtspunkte berücksichtigen kann, wird deutlich, daß die ***Problemschwerpunkte bei der theoretisch-methodologischen Erschließung der Typenbildung*** hauptsächlich in zwei Richtungen zu sehen sind,
erstens in der Überwindung der Widersprüchlichkeit vorhandener Konzepte, insbesondere auf logisch-kategorialem Gebiet;
zweitens in der bislang zu wenig entwickelten fachwissenschaftlichen Aufarbeitung bzw. "Inventarisierung" der praktizierten Ansätze.
Gerade der letztgenannte Punkt kennzeichnet empfindliche Rückstände in einem Bereich, der eigentlich Vorlaufforschung für die theoretische Verallgemeinerung anbieten müßte. TERTON (1973, S.243) fordert zu Recht eine systematisch-vergleichende Untersuchung der typologischen Begriffe und Systeme in allen damit befaßten Fachwissenschaften. Auch PAWŁOWSKI (1975, S.23) spricht sich für eine Analyse der Anwendungen der Typbegriffe in den Wissenschaften aus.

Auch die *Geographie* ist damit aufgerufen, ihren Beitrag zu leisten und die in ihrem Forschungsfeld begegnenden typologischen Ansätze vergleichend-systematisch zu untersuchen.

Von welchen Gegebenheiten hat die **geographische Typforschung** gegenwärtig auszugehen ?

In der geographischen Literatur begegnet das Wort "Typ" sehr häufig. Sein Gebrauch übertrifft vermutlich selbst denjenigen solcher vielverwendeter Termini, wie Landschaft, Region, Standort, Karte. Das Arbeiten mit Typen ist in allen Forschungs- und Anwendungsbereichen der geographischen Wissenschaft - seien sie mehr geisteswissenschaftlich oder mehr naturwissenschaftlich ausgerichtet -, darunter nicht zuletzt in der Raumplanung und in der erdkundlich-didaktischen Praxis verbreitet. Es dient als gängiges Mittel zum Verallgemeinern, Ordnen, Zusammenfassen, als Ergebnis wie als Bezugsbasis von Untersuchungen. Das gilt nicht allein für die Gegenwart. Bereits die Begründer und Klassiker der wissenschaftlichen Geographie, Carl RITTER und Alexander von HUMBOLDT, verwendeten den Typbegriff. Er hat bei der Herausbildung der geographischen Methodologie über fast zwei Jahrhunderte eine Rolle gespielt und ständig an Gewicht gewonnen.

So ist es verständlich und bemerkenswert, wenn ***die Typenbildung*** von SAUSCHKIN (1973, S.472) ***als eines der wichtigsten Probleme der Geographie*** und von HUBRICH (1976, S.136) ***als ein zentrales Konzept der geographischen Methodologie*** gekennzeichnet wurde. Sie ist ein festes Element der Erkenntnistätigkeit des Geographen. "Das Leben des Individuums in seiner ganzen Farbenfülle sehen und dabei gleichzeitig den allgemeinen Prozeß spüren können, in dem Kleinen das Große, das Allgemeine sehen, d.h. die großmaßstäbliche mit der kleinmaßstäblichen Forschung verbinden können, gerade das ist ein sehr wichtiges Privileg der Geographen" (MAERGOIZ 1967, S.162). Modernes geographisches Wissen wird wesentlich mittels Typisieren reproduziert und vermittelt.

Versuche, das Problem der Typenbildung im Rahmen der geographischen Fachmethodologie zu klären, gibt es etwa seit der Jahrhundertwende (PHILIPPSON 1896, HETTNER 1891, 1902). Es vergingen jedoch mehr als 50 Jahre, bis mit LAUTENSACHs Schrift "Über die Begriffe Typus und Individuum in der geographischen Forschung" (1953) die erste umfassende, wissenschaftstheoretisch fundierte Monographie vorgelegt wurde. Seitdem wird dem Typproblem in der Theorie- und Methodendiskussion der Geographie größere Aufmerksamkeit gewidmet. Hieran haben ostdeutsche Geographen einen besonderen Anteil, wie beispielsweise Arbeiten von NEEF, E. LEHMANN, WINDELBAND, KUGLER, HUBRICH, D. SCHOLZ und THÜRMER unterstreichen. Vor allem das rasche Eindringen mathematisch-statistischer Techniken in die meisten Bereiche der Geographie, aber auch der starke Ausbau der geomorphologischen und landschaftsökologischen Forschung und neue Erfahrungen bei der Gemeinde- und Standorttypisierung, bei der Naturraumgliederung und der wirtschaftsgeographischen Regionierung gaben den Anstoß dazu, die traditionellen Verfahrensweisen kritisch zu durchleuchten und nach modernen theoretischen Ansätzen der Typenbildung zu suchen.

Für den gegenwärtigen Stand und die Problemlage der geographischen Typforschung lassen sich *vier Charakteristika* hervorheben.

***Erstens*: Das geographische Typproblem wird zunehmend als theoretisches Problem betrachtet und nicht auf die Suche nach pragmatischen Lösungen reduziert.** Es gibt Arbeiten, die dabei die fachgeographische Perspektive verlassen und sich übergreifenden methodologischen Fragen zuwenden, wie z.B. KUGLER (1974, S.143 ff.) dem Zusammenhang Klassifikation - Typextraktion - Begriffsbildung oder THÜRMER (1983, 1985) der logischen Struktur klassifikatorischer Typbestimmungen. Erinnert werden muß an den nach wie vor gültigen Hinweis von NEEF (1967, S.73), daß es bisher noch keine Darstellung der typologischen Arbeitsweise in der Geographie auf der Basis einer allgemeinen Lehre der geographischen Analyse gibt. Mindestens in gleicher Weise hängt die methodologische Aufschließung des Typproblems aber auch von dem Grad der theoretischen wie praktischen Beherrschung der geographischen Synthese und der geographischen Taxonomie ab.

***Zweitens*: Die Aufgaben für die geographisch-methodologische Aufarbeitung der typologischen Verfahren sind breiter und komplexer geworden.** Das hängt vor allem damit zusammen, daß gegenüber dem punktuellen Einsatz bestimmter Prozeduren jetzt der Aufbau und Ausbau typologischer Systeme erheblich an Gewicht gewonnen hat, wobei schon teilweise deren Einbeziehung in weitergefaßte kategoriale Systeme und Forschungskonzepte festzustellen ist (Landschaftsforschung). Mit dem höheren Grad der forschungsstrategischen Integration sind in der Regel spezifische Normierungen des Typbegriffs, nicht zuletzt auch Eigengesetzlichkeiten bei seiner Anwendung verbunden.

***Drittens*:** Typisieren schließt den Aspekt der Transparenz, der Nachvollziehbarkeit und maximaler Exaktheit ein. **Es wächst das Bedürfnis nach konkreten Handreichungen für die Anwenderpraxis**, die diesen Anforderungen genügen und die die Risiken subjektiver Willkür zurückdrängen helfen. Die Bezeichnung Anwenderpraxis ist hier weitgefaßt zu verstehen. Sie bezieht sich ebenso auf die gesellschaftliche Praxis, in der Geographen vielfältig eingesetzt sind, wie auch generell auf die Lehr- und Forschungsprozesse der geographischen Wissenschaft, in denen neue Inhalte einer adäquaten methodischen Durchdringung bedürfen.

***Viertens*: Das systematische Ermitteln und Ordnen der typologischen Ansätze ist bisher in der Geographie über Anfänge nicht hinausgekommen.** Als Beispiel für einen exakten Typologienvergleich muß hier SCHNEPPEs Arbeit "Gemeindetypisierung auf statistischer Grundlage" (1970) herausgehoben werden, der über 30 Gemeindetypenkonzepte aus den Jahren 1907 bis 1968 untersuchte und einheitlich nach der Typenanzahl, der Merkmalsauswahl, der Wahl der Schwellenwerte u.ä.m. bewertete. Ein anderes Beispiel vermittelt WINDELBAND (1973, S.52 ff.); die Verfasserin unterzog die typologischen Ansätze in 51 sowjetischen siedlungsgeographischen Arbeiten aus dem Zeitraum 1947 bis 1968 einer vergleichenden Analyse und stützte sich dabei teils auf formale und methodische, teils auf inhaltliche Kriterien. Eine größere geographiegeschichtliche Bestandsaufnahme des Arbeitens mit Typen liegt bisher noch nicht vor.

Das also ist die allgemeine Problemsituation, in die sich die vorliegende Untersuchung gestellt sieht.

1.2. Aufgabenstellung

Im Vordergrund der Studie stehen drei *Untersuchungsschritte und -ziele*:

a) Ermittlung eines möglichst großen und repräsentativen Belegbestandes, der die Anwendung des Typbegriffs in der Geographie aus historischer Sicht kennzeichnet;
b) Beleganalyse mit dem Ziel, die wichtigsten historischen Prozesse und Wandlungen des geographischen Typisierens aufzuzeigen;
c) Beleganalyse mit dem Ziel, die Bedeutungskerne des Typbegriffs schärfer zu fassen und eine Definition des Typbegriffs sowie eine Periodisierung des geographisch-typisierenden Arbeitens abzuleiten.

Es ging also zunächst darum, einen *breiten empirischen Zugang zur Untersuchung des Typproblems* zu öffnen. Das ist ein neuer Weg, der in der geographischen Literatur und - soweit bekannt - auch darüber hinaus noch nicht beschritten wurde.
Zuerst war die Frage nach einer geeigneten *Bezugsgrundlage der Untersuchung* zu klären. Die Entscheidung fiel für eine Analyse der in der geographischen Fachliteratur anzutreffenden Typ-*Wortverwendungen*. Das einfache ***Prinzip, in jeder vorgefundenen Wortverwendung von "Typ" eine Realisierungsform des Typbegriffs zu sehen***, erwies sich als konstruktiv und auch für frühe historische Zeiträume als tragfähig. Zudem ermöglichte es Quantifizierungen, darauf aufbauende Vergleiche zwischen verschiedenen Zeitabschnitten und zwischen verschiedenen geographischen Forschungsfeldern, ferner Trendbestimmungen. Die Erkundungen konzentrierten sich nicht nur auf das Wort "Typ" im engsten Sinne, sondern auf die gesamte -typ-Wortfamilie; STEPANOWA u. FLEISCHER (1985) gliedern Wortgut in Simplizia (Typ) und davon abgeleitete Wortbildungskonstruktionen.

Generell wird also in der Arbeit versucht, von Wortgutanalysen her zu den Entwicklungsgrundzügen der Typenbildung und zur Bedeutungsstruktur des Typbegriffs in der Geographie vorzustoßen.

Ein weiteres Problem der Untersuchung war die *Auswahl geeigneter Quellen*. Zu sichern war eine weitgehende realitätsnahe Ausgewogenheit des herangezogenen Materials in allen in Frage kommenden Zeitabschnitten. Das führte dazu, das Schwergewicht auf Zeitschriften- und Lehr- bzw. Handbuchliteratur zu legen; bei den Zeitschriften ging es insbesondere um solche, die über eine lange Erscheinungszeit auf das Gesamtgebiet der Geographie orientiert waren. Eine zentrale Stellung nahm die Auswertung der seit 1855 in Gotha herausgegebenen, international angesehenen Fachzeitschrift "Petermanns Geographische Mitteilungen" (PGM) ein. Auf sie entfiel der größte Teil des im Endergebnis auf rd. 35 000 Einheiten angewachsenen Wortgutmaterials, das in etwa fünfjähriger Arbeit ermittelt, dokumentiert, verdichtet und über Gruppierungskriterien zur statistischen Auswertung vorbereitet wurde.

Der Charakter und Umfang der Materialbasis ermöglichte es, bei der *Untersuchungsmethodik* eine ***Kombination von historisch-bilanzierendem und exemplarischem Arbeiten*** zugrundezulegen. Verlauf und Ergebnisse der vorliegenden Untersuchung bestätigten die Zweckmäßigkeit der vorab erarbeiteten Grundkonzeption und eröffneten verschiedene *weiterreichende Arbeitsperspektiven*, die hier - vor allem aus Zeit- und Platzgründen - noch nicht zu verwirklichen waren.
Zum einen ist es in einem weiteren Schritt möglich und wünschenswert, die Materialbasis einer rechnergestützten Detailauswertung zuzuführen.
Zweitens muß überlegt werden, inwieweit diese Materialbasis, die gegenwärtig vor allem auf deutschem Wortgut mit relativ begrenzten Ausblicken auf fremdsprachige Typverwendungen beruht, stärker und gleichzeitig repräsentativ zu "internationalisieren" ist.
Drittens sollte die Untersuchung über die hier vorgenommene Wortgut- und Begriffsanalyse hinaus um einen systematischen methodenkritischen Teil erweitert werden; daraus vor allem wären dann konkrete anwendungsbezogene Schlußfolgerungen und Hinweise abzuleiten.
Viertens ist im Anschluß an die methodenorientierte "Abrundung" der empirischen Analyse dem Problem der philosophisch-methodologischen Verallgemeinerung größte Aufmerksamkeit zu widmen, was für eine entsprechende interdisziplinäre Kooperation gute Anknüpfungspunkte bietet.

Fünftens schließlich ist zu wünschen, daß in den anderen typisierenden Fachwissenschaften ähnliche Bemühungen angeregt werden können, um insgesamt ein breites Feld des Meinungsaustausches zu entwickeln, effektive Schritte zu einer begrifflich-konzeptionellen Abstimmung zu tun und schließlich ein einheitliches methodologisches Herangehen an das Typproblem einzuleiten.

Der *Aufbau der vorliegenden Studie* ist so angelegt, daß zunächst ein allgemeiner Überblick über den Entwicklungsweg gegeben wird, den das Wort "Typ" im allgemeinsprachlichen und wissenschaftlichen Gebrauch genommen hat. Der Hauptteil der Arbeit konzentriert sich anschließend auf die Spezifik des Typproblems in der Geographie. Eingegangen wird auf die frühen Verwendungen des Wortes "Typ" namentlich in der ersten Hälfte des 19. Jahrhunderts und die nachfolgende breite Entfaltung der geographisch-typologischen Arbeitsweise. In bezug auf die letztgenannte neuere Phase teilt sich die Analyse und behandelt getrennt die formalen und die inhaltlich-begrifflichen Komponenten. Die inhaltlich-begriffliche Seite wird bis zu einer Explikation und Definition des Typbegriffs geführt, so wie er sich in seiner geographischen Verwendung darstellt, und am Ende der Untersuchung steht eine Gliederung der qualitativ zu unterscheidenden Hauptentwicklungsetappen des geographischen Arbeitens mit Typen.

2. Wurzeln und allgemeine Entwicklungstendenzen der wissenschaftssprachlichen Verwendung des Wortes "Typ"

Im Unterschied zu vielen anderen Termini trat das Wort "Typ" nicht durch einen einzelnen Akt der Inauguration in die Wissenschaft ein. Es hat - wie z.B. auch der Name "Geographie" - einen langen Weg durch die Zeiten und der Transformation aus umgangssprachlichem Milieu hinter sich.

2.1. Frühformen des Wortgebrauchs von "Typ"

Sicher bekannt ist das Wort "Typ" (typos) seit AISCHYLOS (um 525 bis 456 v.u.Z.), dem bedeutenden Tragödiendichter des Altertums. Es war zunächst Ausdrucksmittel sinnlicher Anschauung (in den Bedeutungen Form, Hohlform, Abdruck, Ausguß einer Hohlform, schließlich auch Bild, Abbild bzw. Ebenbild). Die Frühformen des Wortgebrauchs von "typos" sind ausführlich bei BLUMENTHAL (1928) aufgezeichnet worden (vgl. dazu auch TERTON 1973, S.244 ff.). Der Umschlag vom Ausdrucksmittel sinnlicher Anschauung auch zum abstrakten Gebrauch (allgemeine Form, allgemeines Abbild, Vorbild) scheint nur wenig später vor sich gegangen zu sein. Neben der Grundform kamen noch "antitypos" (Gegenform, Abbild, Vorbild), "archetypos" (Urbild, Original), "ektypos" (Abformung, Nachbildung) und "prototypos" (Grundform, Ursprungsform) zur Verwendung - alles Wortbildungen, die noch in der wissenschaftlichen Literatur des 18. Jahrhunderts (z.B. bei KANT), sogar bis ins 19. Jahrhundert hinein eine gewisse Rolle spielen.

Die ersten überlieferten Spuren des Wortes "Typ" stellen sich also in die Zeit der großen intellektuellen Revolution, die das antike Griechenland zwischen 600 und 300 v.u.Z. erfaßte. Eine entscheidende Rolle unter den antiken Denkkategorien vermochte "typos" freilich nicht zu übernehmen. Auch seine methodischen Funktionen blieben relativ unbestimmt.

Mit der intensiven Aneignung der griechischen Kultur durch Rom gelangte die kleine "typos"-Wortfamilie in den lateinischen Sprachschatz und wurde damit Bestandteil einer Weltsprache, die über fast zwei Jahrtausende, bis in das 18. Jahrhundert hinein, auch im Bereich der Wissenschaften die beherrschende Kommunikationsgrundlage war. Im Unterschied zum Griechischen zeichnete sich im Latein, vor allem im Latein des späten Mittelalters, ein mehr und mehr zwingender Gebrauch des Wortes "typus" für bestimmte, klar umrissene Denotate ab. So konservierte das Kirchenlatein die Form "typus" in spezifischen theologischen Wortverwendungen; eine zentrale Rolle spielte dabei die Beziehung "typus" = Vorbild. Mit der Erfindung des Buchdrucks (Mitte des 15. Jahrhunderts) wurde ein Zweig der "Typ"-Wortfamilie begründet, der sich an die Bedeutung "typus bzw. Type = Letter, gegossener Druckbuchstabe" anschloß und noch im 16. Jahrhundert Wortbildungskonstruktionen hervorbrachte, wie Typograph, Typographie usw.
Eine weitere wichtige Phase wurde mit der Weitergabe von "typus" an die sich entwickelnden europäischen Nationalsprachen eingeleitet; hierzu finden sich u.a. bei HEYDE (1941) und TERTON (1973) Angaben. Für das Französische wurden folgende Daten der Erstverwendung ermittelt (ROBERT 1986): archetype 1230, type 1495, typique 1495, typographie 1557.
Im Englischen gibt es nachstehende Datierung der Erstnachweise (The Oxford English Dictionary 1961): type 1559, archetype 1599, typical 1612, typography 1641. Die Vermittlung der lateinischen Form "typus" in die modernen europäischen Sprachen ging auf zwei Wegen vor sich. Der Hauptweg verlief über das französische "type" zu anderen romanischen Sprachen, zum Englischen (um 50 bis 100 Jahre zeitversetzt), zu den nordeuropäischen und slawischen Sprachen. Die russische Form "tip" beispielsweise wird von VASMER (FASMER 1973) auf das französische "type" in der Bedeutung Abdruck, Vorbild (auch Bild, Gestalt, Beispiel) zurückgeführt. Der zweite Weg ist durch Direktentnahme aus dem Lateinischen charakterisiert; so blieb im Deutschen (und z.B. im Ungarischen) zunächst die Form "Typus" bestimmend.
Von den Erstverwendungen bis zum verbreiteten Einsatz in den europäischen Sprachen verging Zeit.
HEYDE (1941, S.221) setzt den Beginn des häufigeren Vorkommens von "type" im

Französischen mit dem ausgehenden 17. Jahrhundert an. Im gehobenen deutschen Sprachgebrauch war "typus" in der ersten Hälfte des 18. Jahrhunderts offenbar ein vertrautes Wort. Zedlers "Grosses vollständiges *Universal-Lexicon* aller Wissenschafften und Künste" (68 Bände, Leipzig u. Halle 1732-1754) faßt das damalige Verständnis des Wortinhaltes in drei Bedeutungskernen zusammen:
Stempel (Abdruck), Vorbild, Modell.
Auch HEYDE (a.a.O.) bestätigt "Typus" = Vorbild aus verschiedensprachigen Wörterbüchern der Jahre 1664 und 1763. Alle diese Quellen belegen den häufigen Einsatz, sie geben aber auf einen besonderen wissenschaftlichen Gebrauch - wenn wir darunter den Status einer Kategorie mit spezifischer, abgrenzender und theoretisch reflektierter Bedeutung verstehen - keinen direkten Hinweis.

2.2. Erhebung zum wissenschaftlichen Terminus im 17. und 18. Jahrhundert; die Periode des Urtypus-Konzeptes

Der Prozeß der Qualifizierung zum Wissenschaftsbegriff - also der Terminologisierung des Wortes "Typ" - war bisher noch nicht Gegenstand von Detailuntersuchungen. Es wird aber davon auszugehen sein, daß ein wichtiger Ansatzpunkt dafür bereits im 17. Jahrhundert lag und mit dem Namen des französischen Philosophen, Mathematikers und Physikers DESCARTES verknüpft ist. DESCARTES hatte das alte "archetypus" in seinen "Meditationes" (1641) wiederbelebt und als erster Philosoph erkenntnistheoretisch nutzbar gemacht (HÜLLEN 1971, S.498). Hieran schloß sich - wie HÜLLEN zeigt - eine ganze Linie von Übernahmen in die englische Philosophie des 17. und 18. Jahrhunderts (bei LOCKE 1690 in der Bedeutung "archetype" = "pattern" = Muster, Modell; bei BERKELEY und HUME "archetype" = "model" = Modell; ähnlich auch bei Samuel JOHNSON) und nach 1750 in die klassische deutsche Philosophie an (KANT unterscheidet z.B. zwischen "intellectus archetypus" = göttlicher Verstand und "intellectus ectypus" = menschlicher Verstand).
Eine zweite - jüngere und letztlich entscheidende - Linie der "Typus"-Terminologisierung führt in die Ideenwelt der französischen Naturforschung um 1750, setzt sich

in der Naturphilosophie der deutschen Aufklärung und Romantik fort und bestimmt die theoretischen Grundpositionen der vordarwinschen Biologie im 19. Jahrhundert.

Um die Mitte des 18. Jahrhunderts standen die biologischen Wissenschaften - wie REMANE (1956 bzw. 1971, S.14 ff.) dargelegt hat - vor der prinzipiellen Aufgabe, drei unterschiedliche Arbeitsrichtungen und deren umfangreiches Faktenmaterial theoretisch-konzeptionell aufeinander abzustimmen:

a) Die Klassifikation der Organismen.

Sie erfolgte bis dahin vor allem analytisch-zergliedernd nach Einzelmerkmalen und ergab damit sogenannte künstliche Ordnungssysteme bzw. *künstliche Gruppen*, was das grundsätzliche Problem einer unendlich großen Anzahl gleichberechtigter, von Autor zu Autor wechselnder Einteilungen entstehen ließ.

b) Die Lehre von der Stufenfolge der Organismen.

Sie ordnete die "Naturdinge" in eine vom Niederen zum Höheren linear aufsteigende Reihe ein, und zwar zeitlos und einreihig. Dieses *Prinzip der Stufenleiter* beeinflußte die Biologie bis zu ihrer Umgestaltung durch die DARWINsche Evolutionstheorie und das daraus abgeleitete Stammbaumprinzip (Phylogenie).

c) Die vergleichende Anatomie.

Sie verfolgte einzelne Organe in ihren wechselnden Formen und beschränkte sich zunächst auf das Vergleichen von Lebewesen gleicher Grundorganisation, vor allem der höheren Wirbeltiere und Pflanzen (REMANE a.a.O., S.22). Zunehmend führte sie dann zur Aufstellung von allgemeinen Struktur- und Oganisationsschemata, von *Bauplänen*, die "eine Vielheit von Arten in ihrer Organisation unter einem einheitlichen Bilde darstellen" ließen (a.a.O., S.24).

Ausdruck des Bemühens um eine Zusammenführung dieser Richtungen waren die für das 18. Jahrhundert so charakteristischen Kontroversen um die richtigen Ordnungskriterien und die Suche nach einem sogenannten natürlichen System, in dem alle Organismen nicht nach willkürlich herausgegriffenen Eigenschaften, sondern nach ganzheitlich-wesensbestimmenden Merkmalen ihren unverrückbaren Platz finden sollten (vgl.: Geschichte der Biologie, 1985, S.264). Ausdruck dieses Bemühens um Zusammenführung war schließlich die Vorstellung von einem

gedanklichen "Urbild", einem zeitlosen Grundmuster, einem universellen Strukturmodell (Bauplan) ***der*** Pflanze und ***des*** Tieres. Die Franzosen BUFFON, DIDEROT, ROBINET sind als frühe Verfechter dieser Auffassung zu nennen. DIDEROT schrieb im Jahre 1754:
" ... möchte man da nicht glauben, daß es immer nur ein Urtier gegeben hat, ein Urbild *(prototyp)* aller Tiere, und daß die Natur nichts weiter getan hat, als gewisse Organe desselben zu verlängern, zu verkürzen, umzugestalten, zu vermehren oder wegzulassen?" (Zit. nach: Geschichte der Biologie, 1985, S.261).

Diese Lehre vom Prototyp bzw. (Ur)-Typus bzw. allgemeinen Typ des Tieres und der Pflanze führte das Wort "Typus" als wissenschaftliche Kategorie ein, trug in der Biologie zur Formierung der klassischen Morphologie bei (mit ihren beiden Zentralbegriffen "Stufenleiter" und "Typus") und prägte darüber hinaus die allgemeine Sehweise der Natur in dieser Zeit (vgl. LÖTHER 1972a, S.267). REMANE (1956 bzw. 1971, S.22) spricht von der "Konzeption des 'Typus'"; in der vorliegenden Arbeit soll die Bezeichnung ***"Urtypus-Konzept"*** verwendet werden, um damit einerseits den zeitabhängigen inhaltlichen Bezug (Urpflanze, Urtier; Urbilder, Urphänomene), andererseits den Charakter als Ur- bzw. Frühform wissenschaftlich-typisierender Arbeit zu verdeutlichen. Der Gedanke des allgemeinen Urtypus bzw. Prototyps der Lebewesen gemäß BUFFON und DIDEROT bildete den Ausgangspunkt für die Naturauffassung der deutschen Philosophie der Aufklärung, auf deren Boden auch GOETHE mit seinen naturwissenschaftlichen Forschungen stand.
GOETHE nimmt typengeschichtlich eine herausgehobene Stellung ein, weil seine Urtypus-Version zwar aus biologisch-anatomischen Zusammenhängen heraus entwickelt wurde, jedoch allgemeiner, als generelles wissenschaftliches Erkenntnisprinzip angelegt war. Der Urtypus bzw. allgemeine Typus galt ihm als Schlüsselbegriff und zugleich Hauptziel seines naturwissenschaftlichen Forschens. Er diente ihm vor allem zur Kennzeichnung sogenannter Urphänomene, die er als Verkörperung des Typischen und Gesetzmäßigen in der Natur auffaßte (z.B. das Licht, das Trübe, die Pflanze, das Tier). Der Urtypus der Pflanze, des Tieres usw. war für GOETHE ein "übersinnliches" Urbild und Modell, das aus vergleichend-analysierenden Studien auf dem Wege der Abstraktion zu gewinnen ist und das er weniger

unter genetischem Aspekt (im Unterschied zu BUFFON und DIDEROT), sondern vielmehr als Resultat der Absicht sah, das innere Wesen der Pflanze, des Tieres usw. schlechthin in seiner "reinen Form" darzustellen. Es darf nicht übersehen werden, daß dieser aus heutiger Sicht eher spekulative theoretische Ansatz in der damaligen Forschungspraxis zu einem spektakulären Erfolg führte, als es GOETHE im Ergebnis vergleichend-anatomischer Untersuchungen für einen allgemeinen Knochentypus gelang, den Zwischenkieferknochen am menschlichen Schädel zu entdecken (1784).

Das Urtypus-Konzept fand weitere gedankliche Verarbeitung und Modifikationen in der deutschen klassischen Philosophie und der Naturphilosophie der ersten Hälfte des 19. Jahrhunderts, vor allem bei SCHELLING, HEGEL, SCHOPENHAUER. Hierbei ist das Bestreben erkennbar, das Urtypus-Konzept stärker als Ordnungsinstrument zu profilieren und zu integrieren. Dazu gehört seine Anwendung auf die Beziehungen zwischen Teil und Ganzem im lebenden Organismus sowie zwischen Allgemeinem und Einzelnem, die teilweise bereits SCHELLING, besonders aber HEGEL mit dem Begriff des "allgemeinen Typus" festzuhalten suchte (STIEHLER 1982, S.349).

Zusammenfassend ist hierzu festzustellen, daß das Wort "Typ" durch das Urtypus-Konzept eine feste Einbindung in den Wortbestand der Wissenschaft erfahren hat und darüber hinaus zur tragenden Kategorie einer naturphilosophischen Idee wurde, die auf dem *methodologischen Prinzip* beruhte:

gedankliche Konstruktion einer Idealstruktur über einer Vielzahl unterschiedlich strukturierter realer Einzelobjekte bzw. Objektarten.

Als Voraussetzung dafür bedurfte es der Erweiterung und Spezifizierung seines Bedeutungsinhaltes. "Vorbild" wurde durch die Begriffskerne "Urform" bzw. "Urbild" und "Bauplan" unter Rückgriff auf alte Verwendungen (archetypus) ergänzt. Zu Beginn des 19. Jahrhunderts war die Bedeutungsvariante "Urform/Urbild" Allgemeingut. Das kommt repräsentativ für diese Zeit in einem der ersten Konversations-Lexika zum Ausdruck, in Pierers 26bändigem *Universal-Lexicon* aus den Jahren 1822 bis 1836, das das damalige Bedeutungsspektrum von "Typus" besonders detailliert erfaßt und die Bedeutung "Urbild" hervorhebt.

In seiner neuen begrifflichen Funktion erfüllte "Typus" wesentlich das starke

Bedürfnis der sich gegen Ende des 18. Jahrhunderts entfaltenden Naturphilosophie nach adäquaten allgemeinen Bezugs- und Ordnungskategorien. Ursprünglich über engere biologische Fragestellungen vermittelt, fand sich der neue Wissenschaftsterminus dann rasch in der metatheoretischen Ebene angesiedelt. Dort freilich blieb er ein relativ unbestimmter, unscharfer, schillernder Einzelbegriff - einer umfassenden empirischen Durcharbeitung bzw. Überprüfung nur bedingt zugänglich und mit den bis dahin geschaffenen naturwissenschaftlichen Ordnungssystemen höchstens locker verknüpfbar. Im "Urtypus" zeigte sich zwar eine erste Kombination von Abbild- und Ordnungsfunktion; für umfassende, logisch begründete, den damaligen Wissensfundus tiefgreifend strukturierende taxonomische Systeme bildete er aber einen völlig unzureichenden Ausgangspunkt. Forschungspraktisch war "Typus" so nicht handhabbar - jedenfalls nicht mehr bei dem in den ersten Jahrzehnten des 19. Jahrhunderts erreichten Niveau der naturwissenschaftlichen Kenntnisse.
Mit dem Urtypus-Konzept gewann der Typbegriff zwar einen hohen Rang im Kategoriengebäude des damaligen naturbezogenen Denkens, aber noch keine wirklich gesicherte methodologische Perspektive. Die eigentliche "Taxonomisierung" des Typbegriffs stand noch aus.

2.3. Entwicklung zur taxonomischen Kategorie im 19. Jahrhundert; die Periode des Entstehens der typologischen Arbeitsweise

Zu Beginn des 19. Jahrhunderts hatten die Naturwissenschaften einen Erkenntnisstand gewonnen, der die Widersprüche in dem Stufenleiter- und Urtypuskonzept immer offensichtlicher werden ließ. Die empirische Naturforschung nahm einen solchen Aufschwung und erreichte so glänzende Resultate, daß dadurch nicht nur eine vollständige Überwindung der mechanischen Einseitigkeit des 18. Jahrhunderts möglich wurde, sondern sich auch die Naturwissenschaften selbst über den Nachweis der in der Natur vorhandenen Zusammenhänge der verschiedenen Untersuchungsgebiete (Mechanik, Chemie, Biologie u. a.) zu einem theoretischen System der Naturerkenntnis zusammenschlossen.

Bei den Auseinandersetzungen um die Überwindung des Urtypus-Konzeptes stellte sich eine prinzipielle Frage zur Entscheidung: ***Einheit des Typus oder Vielfalt der Typen?*** (LÖTHER 1972a, S.266). In der Biologie entbrannte diese Auseinandersetzung in den ersten Jahrzehnten des 19. Jahrhunderts mit besonderer Schärfe. Hier standen sich die Vertreter der "Einheit des Bauplanes aller Tiere" (Hauptrepräsentant: GEOFFROY ST. HILAIRE) und die Verfechter einer Vielzahl von "Bauplantypen" gegenüber; deren Hauptvertreter G. CUVIER unterschied vier völlig eigenständige Zweige des Tierreiches mit entsprechenden grundverschiedenen Bauplänen: Wirbeltiere, Gliedertiere, Weichtiere, Stachelhäuter. Allein der Vergleich der Konzepte GEOFFROYs und CUVIERs machte es erforderlich, den Typbegriff in der bisherigen naturphilosophischen Bedeutung Urbild/Urform/ Bauplan zu *pluralisieren*, eine Typen*reihe* (zur Beschreibung der Position CUVIERs) zu konstituieren und damit den mehr als Singularbegriff konzipierten "Urtypus" zu relativieren bzw. als tragende Kategorie ganz aufzugeben.
Der terminologische Gebrauch von "Typus" befand sich somit in einer Phase weitreichender Neuorientierung. Schließlich fand die Ära des Stufenleiter- und Urtypus-Konzeptes in der Biologie ihr Ende mit Ch. DARWINs Hauptwerken (1859: Entstehung der Arten; 1871: Abstammung des Menschen). DARWIN lehrte "die Morphologie auf neue Weise zu sehen und die typologische Methode in den Dienst des Nachweises stammesgeschichtlicher Zusammenhänge zwischen den verschiedenen Organismengruppen zu stellen" (LÖTHER 1972a, S.259).

Die kategoriale Neuformierung des Typbegriffs erwies sich als ein nicht allein die Fachinteressen der Biologen berührendes Problem. Sie stellte sich in einen weiter ausgreifenden Rahmen. Mit der zunehmenden Dichte der Untersuchungen, dem bedeutenden Wissensgewinn, mit der weiteren Differenzierung und der verfeinerten disziplinären Aufgliederung, nicht zuletzt mit der Ausprägung ihres Systemcharakters stellte sich für die Wissenschaften insgesamt die Frage der Strukturierung und Ordnung der Erkenntnisse qualitativ neu.

In einer Reihe von Einzelwissenschaften - besonders ausgeprägt und frühzeitig auftretend wiederum in der Biologie - hatten sich Arbeitsbereiche herausgeschält,

die sich speziell mit der Sichtung und Ordnung des Forschungsmaterials befaßten. Sie wurden unterschiedlich bezeichnet, am gebräuchlichsten sind noch heute die Termini "Systematik" und "Taxonomie". Die Bezeichnung "Taxonomie" wurde im Jahre 1813 von dem Botaniker A. P. de CANDOLLE eingeführt, abgeleitet von griech. taxis = Ordnung, Anordnung, Rang, Aufstellung; als Teildisziplin der Biologie war die Taxonomie aber bereits wesentlich früher, nämlich durch RAY entstanden (1686 - 1704; vgl. LÖTHER 1972b, S.88).
Im allgemeinen Sinne ist unter "Taxonomie" eine disziplinäre Ordnungslehre zu verstehen, die die zu untersuchenden Objekte nach bestimmten Kriterien, Verfahren, Normativen aufgliedert und in einem Systemzusammenhang positioniert.
Die seit Beginn des 19. Jahrhunderts mehr und mehr in Erscheinung getretenen disziplinären Ordnungssysteme bedurften der weiteren kategorialen und methodischen Ausgestaltung. Besonders wichtig waren Kategorien, mit deren Hilfe Kausal- und Funktionsbeziehungen abzubilden und zu synthetisieren, Analyseergebnisse zu koordinieren und Strukturvergleiche zu realisieren waren.

Aus dieser allgemeinen Ausgangssituation heraus ***entwickelte sich die "Taxonomisierung" des Typbegriffs als ein multidisziplinärer Prozeß***. "Typus" wurde zu einer Grundkomponente verschiedenster einzelwissenschaftlicher Ordnungsgefüge. Mit der zunehmenden Distanzierung vom Urtypus-Konzept verlagerte sich das Typproblem aus der allgemeinmethodologischen Ebene schwerpunktmäßig in den fachmethodologisch-theoretischen Bereich einer Vielzahl von Disziplinen.
Der Prozeß der Taxonomisierung des Typbegriffs setzte in den ersten Anfängen um 1800 ein. Während der ersten Hälfte des 19. Jahrhunderts vollzog sich der Übergang von der Ära des metadisziplinären Urtypus-Konzeptes zur Ära der fachwissenschaftlichen typologischen Konzepte. Immer neue Wissenschaften erschlossen sich bis in die unmittelbare Gegenwart hinein den Typbegriff als taxonomische Kategorie.

Der Prozeß der Taxonomisierung gliedert sich zumindest in *zwei Hauptphasen*:
Erstens: *Ausarbeitung fundamentaler typologischer Ordnungslehren.*
Sie prägten die Entwicklung ganzer Fachgebiete maßgeblich und bezogen sich

überwiegend auf die typologische Strukturierung des Hauptforschungsobjektes der betreffenden Disziplin unter Beibehaltung der ganzheitlichen Sicht (**der** Organismus, **der** Mensch, **die** Sprache, **das** Molekül, **der** Boden, **das** Klima usw.). Als Beispiele seien hier genannt (in Klammern die Jahreszahlen der Erstveröffentlichung):

- die Typenlehre von G. CUVIER (Zoologie; 1801 bis 1805)
- die Sprachtypologie der Gebrüder SCHLEGEL und W. v. HUMBOLDTs (1808 bzw. 1836)
- die chemischen Typentheorien von J. B. DUMAS und C. GERHARDT (1839 bzw. 1853)
- die Bodentypenlehre von V. V. DOKUČAEV (1879)
- die typologische Methode von O. MONTELIUS (Ur- und Frühgeschichtsforschung; 1884)
- die Klimaklassifikationen von W. KÖPPEN (1884 bis 1931)
- die Seentypenlehre von F. A. FOREL (1889)
- die Typentheorie von B. RUSSELL und A. N. WHITEHEAD (Mathematik; 1908 bzw. 1910 bis 1913)
- die Waldtypenlehre von A. K. CAJANDER (1909)
- die Konstitutionstypologie von E. KRETSCHMER (1921).

Das Erarbeiten solcher Fundamentaltypologien - die Reihe der aufgeführten Beispiele ließe sich fortsetzen - erschöpfte sich schließlich, so daß die Zeit der großen Typenlehren etwa mit den 20er Jahren unseres Jahrhunderts zu Ende ging. Eine der Ursachen für das Werden und Vergehen vieler von ihnen war deren Bindung an nicht mehr zu haltende weltanschauliche bzw. wissenschaftliche Grundpositionen. Trotz äußerlich erscheinender Simplizität sind die meisten das Ergebnis vieljähriger, sich vorantastender Untersuchungen, teilweise sogar ganzer Lebenswerke von Forschern. Schon allein durch den empirisch-analytischen Apparat, den sie bewegt haben, sowie durch die methodischen Reflexionen der Typenforscher konnten sie den Gesamtentwicklungsstand ihrer Disziplin in der Regel entscheidend verbessern.

Zweitens: ***Verlagerung des Arbeitens mit Typen in den Bereich einzelwissenschaftlicher Detailforschung.***

Diese Tendenz zeichnet sich etwa seit dem letzten Drittel des 19. Jahrhunderts zunehmend ab. Das Schwergewicht der Arbeit mit Typen verschiebt sich immer mehr von der fachmethodologisch-theoretischen Ebene in den Bereich der empirisch-operationalen Realisierung. Typen werden problembezogen gebildet, zur Strukturierung statistischer Massen genutzt, mit Hilfe spezieller Techniken extrahiert, oft als Einzellösungen in speziellen Einzeluntersuchungen entwickelt. Damit sind die Einsatzhäufigkeiten und -varianten lawinenartig angewachsen. Gleichzeitig haben sich die kategorial-taxonomischen Funktionen des Typbegriffs oft zugunsten neuer Funktionen (Informationskonzentration bzw. Datenreduktion, Veranschaulichung u. ä.) abgeschwächt.

Doch kehren wir zur allgemeinen Grundrichtung des Taxonomisierungsprozesses zurück.

Der Bedeutungs- und Funktionswandel bei "Typus" vom Urtypus-Konzept her gründete sich auf folgende wesentliche Aspekte und disziplinäre Anforderungen:

a) Kategorial-terminologischer Aspekt

"Typus" hatte gegenüber den anderen Ordnungskategorien (Art, Gattung, Familie, Ordnung, Klasse, System usw.) eindeutig abgrenzbar, mit spezifischer Funktion einsetzbar und für den Ausbau des Fachwortschatzes nützlich zu sein.

b) Methodischer Aspekt

"Typus" hatte einer empirisch-prozeduralen Behandlung nach bestimmten methodischen Prinzipien (Normativen) der Typen*bildung* zugänglich zu sein.

c) Klassifikatorisch-systematischer Aspekt

"Typus" hatte in Reihen und Hierarchien - unter Anwendung der Klassifikationsprinzipien der Koordinierung und Subordinierung (vgl. KEDROW 1975, S.22 ff.) - darstellbar zu sein.

Die Taxonomisierung des Typbegriffs wirkte in zwei Hauptrichtungen,

einmal als begrifflich-sprachliche Integration von "Typus" in eine Vielzahl einzelwissenschaftlicher Kategoriensysteme bzw. Terminologien,

zweitens durch eine Vielfalt praktischer Realisierungen des Typbegriffs in Gestalt spezifischer Typensysteme, Typenkonstruktionen und Typenableitungen auf allen Ebenen der empirischen Arbeit in den Fachwissenschaften.

Damit bildete sich die typologische Arbeitsweise heraus. Die Bezeichnung "typo*logisch*" weist auf die neu entstandenen Systemzusammenhänge hin.
Im Prozeß der Taxonomisierung entstanden neuartige theoretische Probleme, wie zum Beispiel das Verhältnis Typ - Klasse oder die Dualbeziehung Typ - Individuum oder die Frage typimmanenter Unschärfen. Der stürmisch angewachsene einzelwissenschaftliche Gebrauch führte zu ersten Bemühungen um eine logische Charakterisierung des Typbegriffs. TERTON (1973, S.247 ff.) ist darauf näher eingegangen und hat die Versuche von WHEWELL (1858 - 1861), MILL (1877), ERDMANN (1894), LOTZE (1912), WINDELBAND (1915), WUNDT (1920), SIGWART (1921), RICKERT (1921), H. MAIER (1934), HEMPEL u. OPPENHEIM (1936) sowie HEMPEL (1966) kritisch erläutert. Bereits im Jahre 1840 hatte WHEWELL in seiner zweibändigen "Philosophy of the inductive sciences" den Typ als Muster (Vorbild, Beispiel) einer Klasse erklärt; es könne zum Beispiel eine bestimmte Art in höchstem Maße als Träger der Charakteristika einer ganzen Gattung (Klasse) betrachtet werden (nach: The Oxford English Dictionary, 1961, Bd. XI, S.556). Vor allem auf WHEWELL geht die auch in der Gegenwart noch verbreitete Meinung zurück, daß sich eine Klasse von ihren äußeren Grenzen her definiere (Klassengrenzen, Klassenbreite), während ein Typ sich als "innerer" Zentralpunkt verstehe, dem sich die Einzelobjekte nach Ähnlichkeit oder Verwandtschaft mehr oder weniger annähern können, ohne daß das Problem äußerer Grenzen im Vordergrund steht. Es ist dies der "Gedanke des fließenden Überganges innerhalb natürlicher Ordnungen" (TERTON a.a.O., S.249), der sich darin reproduziert. Im Jahre 1936 erschien die bisher einzige ausführliche Analyse typologischer Systeme auf der Grundlage der modernen Logik (HEMPEL und OPPENHEIM). Sie befaßt sich mit einer bestimmten Typenart, den polaren Typbegriffen; ihr großes Verdienst liegt darin, typologische und metrische Begriffe erstmals in einen logischen Zusammenhang gestellt zu haben (vgl. TERTON a.a.O., S.252).
Der Prozeß der einzelwissenschaftlichen Taxonomisierung hatte auf den allgemei-

nen Wortgebrauch von "Typus" erhebliche Auswirkungen. Das Wort "Typus" wurde populär. Dem Deutschen Wörterbuch von J. und W. GRIMM zufolge (Bd. 11/1952; I. Abt., II. Teil, Sp. 1961) erschien "Typus" im Deutschen seit dem 18. Jahrhundert als geläufiger Terminus der sich entwickelnden Wissenschaft und ging von da in den allgemeinen Sprachgebrauch über. Das wird für die anderen europäischen Sprachen ähnlich gegolten haben. Etwa seit 1900 setzte sich auch in der deutschen Sprache die international übliche Form "Typ" gegenüber "Typus" durch. Das mehr oder weniger strenge Einpassen des Typbegriffs in die einzelwissenschaftlichen Kategoriensysteme brachte eine Flut neuer Bildungen der -typ-Wortfamilie teils von ausgesprochen disziplinärer, teils von allgemeinerer Bedeutung hervor. Noch weitgreifender waren die mittelbaren Konsequenzen für den Fachwortschatz. Merkmalsanalysen und darauf aufbauende typologische Synthesen führten zur Prägung einer unübersehbaren Menge neuer Wörter und Begriffe; freilich trat deren Herkunft, als ursprüngliches Produkt der typologischen Arbeitsweise, oft rasch aus dem allgemeinen Bewußtsein.

2.4. Konstituierung metrisch-dimensionaler Typen seit Ende des 19. Jahrhunderts

Wie eben ausgeführt wurde, entfaltete sich die typologische Arbeitsweise im Laufe des 19. Jahrhunderts beträchtlich in Breite und Tiefe. Ihrer bedienten sich vor allem solche Wissenschaften, die es bei ihrem Untersuchungsgegenstand mit einer Vielzahl von Individualobjekten und mit der Notwendigkeit zu tun hatten, diese nach geeigneten Kriterien zu gruppieren und in eine systematisch-hierarchische Ordnung zu bringen. Am Anfang standen zumeist Elementarklassifikationen bzw. Fundamentaltypologien, die im weiteren Gang dann differenziert, verzweigt, verfeinert, korrigiert, heuristisch fruchtbar gemacht und besser an die aktuellen Erfordernisse der Forschung angepaßt wurden. Die taxonomische Funktion des Typbegriffs spezifizierte und festigte sich mit dem Eindringen in das Wesen der Objekte, in ihre Eigenschaften, Strukturen, Zusammenhänge, Entwicklungsprozesse, und mit der konzeptionell-theoretischen Reifung der Erkenntnistätigkeit. Die typologische Arbeitsweise prägte sich in unterschiedlichen Formen aus. TERTON (1973,

S.253ff.) verweist zum Beispiel auf die Verwendung von Typenbildern, von Typen als Merkmalskoppelungen und Merkmalskorrelate, von Durchschnitts- bzw. Normaltypen, von diagrammatischen Typen usw. Das Arbeiten mit Typen blieb also nicht auf den theoretisch-systematischen Überbau der Fachwissenschaften beschränkt. Es faßte - wie sich schon in der zweiten Hälfte des 19. Jahrhunderts in einzelnen Fällen beobachten läßt - auch auf der Ebene der empirischen Basisforschung Fuß, gewann operationale Züge und wurde zunehmend zur Lösung forschungspraktischer Fragen herangezogen. Ging es in der Anfangsphase der Taxonomisierung des Typbegriffs allein um das Ziel, Typen als allgemeingültige Orientierungs- und Bezugspunkte für die betreffende Disziplin zu konstituieren, sie in terminologische Systeme einzupassen (Einheit von Typenbildung und Typenbenennung), sie damit als Elemente des Fachwortschatzes zu transformieren sowie festzuschreiben, - so stellten sich jetzt in der empirischen Basisarbeit unmittelbar wissenschaftspraktische Aufgaben:
Typen als Instrumente zur Faktenaufbereitung, als Zwischenlösungen bei der Realisierung von Untersuchungsstrategien, als Konzentrate von Untersuchungsergebnissen, als flexibel einsetzbares methodisches Rüstzeug. Ging der Prozeß der Taxonomisierung ursprünglich von der ganzheitlich-vergleichenden Wesensbetrachtung der typologischen Bezugsobjekte aus, so rückten jetzt Einzelmerkmale und ihre Zusammenhänge, also Teilbestimmungen der Objekte stärker in den Mittelpunkt der Typforschung. War es anfangs das Bewußtsein, das systematische Grundgerüst der betreffenden Disziplin insgesamt mittels Typenbildung verbessern zu können, so bezog sich der empirische Ansatz des Typisierens jetzt betont auf spezifische Zweckbestimmungen, auf begrenzte Untersuchungsziele und Objektmengen, auf raumzeitliche Limitationen. Übte das Wort "Typ" in der ersten Zeit seine taxonomischen Funktionen als ein zumeist wenig strukturierter und oft unscharfer Allgemeinbegriff aus, so gewann es jetzt an fachwissenschaftlicher Exaktheit - aber in bestimmter Kontextabhängigkeit und auf Kosten der Verallgemeinerungsfähigkeit. Wurden eingeführte Typentermini ursprünglich normalerweise per Zitieren weitergegeben, so fanden jetzt bei den empirischen Detailtypologien in immer weniger Fällen noch Übernahmen in andere wissenschaftliche Arbeiten statt. Ging es früher stärker um das Ordnen der fachlichen Substanz im

Maßstab ganzer Disziplinen, so handelte es sich jetzt mehr um das Ordnen der Arbeitsergebnisse eines Untersuchungskonzeptes bzw. sogar eines Verfassers. Diese Gegenüberstellungen kennzeichnen einen qualitativen Umschlagpunkt, von dem aus der Blick unmittelbar auf die aktuelle Situation der Typforschung frei wird. Die kategorial-taxonomischen Funktionen werden relativiert: Die Typenbildung leitet sich mehr und mehr aus der Analyse eindeutig bestimmbarer Merkmalsstrukturen von vergleichbaren Objekten ab, öffnet sich der Anwendung logischer Mittel der Mathematik und Statistik, gewinnt damit taxonomische Funktionen völlig neuen Charakters und auf anderen Ebenen des Forschungsprozesses.

Eine der Grundlagen ist die *Metrisierbarkeit* (bzw. Skalierbarkeit), d.h. die Möglichkeit des Meßbarmachens, des *quantitativen* Erfassens typrelevanter Objekteigenschaften, um diese dann in Typen (Typensystemen) als neuen Erkenntnis*qualitäten* synthetisieren zu können. Nach den Phasen der Terminologisierung und Taxonomisierung tritt in der typgeschichtlichen Sequenz nun eine Phase der "Metrisierung" ein. Die **Metrisierung des Typs** ist eng verbunden mit dem *Dimensions*problem. Mittels entsprechender mathematisch-statistischer Verfahren wird es möglich, Objekteigenschaftsstrukturen in n-dimensionalen Merkmalsräumen abzubilden und auf ihre inneren Abhängigkeiten hin zu untersuchen.

*Die **metrisch-dimensionale Betrachtung** ist zu einem Schlüsselfaktor der modernen typologischen Arbeitsweise geworden; metrisch-dimensionalen Typkonstrukten kommt immer größeres methodologisches Gewicht zu.*
Man könnte - analog zur Biometrie, Ökonometrie, Psychometrie usw. - auch von einer "typometrischen" Richtung innerhalb der typologischen Arbeitsweise sprechen, doch ist die Bezeichnung "typometrisch/Typometrie" bereits in anderem Sinne vergeben. Sie bezieht sich in der Kartographie auf ein älteres Verfahren, Karten bzw. Kartenbeschriftungen mit beweglichen Lettern herzustellen (vgl. HORN 1948).

Die metrisch-dimensionale Typisierung ist Ausdruck der Mathematisierung - also einer der wichtigsten Formen, in denen sich die Bewegung des wissenschaftlichen

Wissens konkretisiert. Um die letzte Jahrhundertwende bestand bereits ein größerer Kreis von solchen Einzelwissenschaften, deren Theoriebildung sich auf mathematische Grundlagen stellen ließ. Für die metrisch-dimensionale Typforschung war die Entwicklung in der Psychologie von besonderer Bedeutung. Sie wurde zum Ausgangspunkt der Erarbeitung zahlreicher mathematisch-statistischer Verfahren, die heute breite Anwendung finden. So begründete SPEARMAN im Jahre 1904 auf der Grundlage der Korrelationsrechnung die Faktorenanalyse (vgl. OKUN' 1974, S.11), - damals als Einfaktorenmodell konzipiert, dann nach mehreren Modifikationen und mit der mathematisch exakten Durcharbeitung durch LAWLEY u. MAXWELL (1963; vgl. E. WEBER 1974, S.5) gegenwärtig eine der meistverwendeten Techniken der metrisch-dimensionalen Typenbildung (andere sind z.B. die Hauptkomponentenanalyse und die Clusteranalyse).
Einer der ersten Versuche, das Korrelationsprinzip konsequent als Grundlage der Typenbildung zu verwenden, ist E. KRETSCHMERs weitbekannte Konstitutionstypenlehre. In seinem Werk "Körperbau und Charakter" (1921; 26. Aufl. 1977!), einer "medizinischen Spezialmonographie", geht er von drei Körperbautypen aus (leptosomer, athletischer, pyknischer Typus), ordnet diesen bestimmte morphologisch-anatomische, psychische, funktionell-physiologische bzw. klinisch-pathophysiologische Spezifika zu und gelangt so - im Sinne der Einheit von Form und Funktion - zu einer komplexen somatopsychischen Typologie (vgl. KRETSCHMER 1967, S.XII). Wenn auch die inhaltliche Seite dieser somatopsychischen Synopsis nicht unumstritten ist (vgl. z.B. Wörterbuch der Psychologie 1976, S.290), so verdienen die von KRETSCHMER formulierten methodologischen Grundpositionen doch besondere Beachtung. Für KRETSCHMER ist der Typus "ein komparativ anschauliches Allgemeinbild" (KRETSCHMER 1967, S.412) und "eigentlich der wichtigste Grundbegriff der ganzen Biologie" (S.XI). "Ein echter Typus legitimiert sich dadurch, daß von seinem Kern aus dem Forscher weitere ... wichtige Zusammenhänge zufallen" (S.XI). Er fände sich nur an ganz bestimmten Stellen des Untersuchungsmaterials (= korrelationsstatistische Schnittpunkte, Korrelationsbrennpunkte) und könne niemals willkürlich hineingesehen werden. Diese Schnittpunkte müßten "immer deutlicher herausgearbeitet, gereinigt und formuliert werden" (a.a.O.)." Das Klare und Präzise an einem solchen Typus ist stets sein Kern,

nicht seine Randzone. Es gehört zu einem Typus, daß er keine scharfen Grenzen haben darf" (a.a.O.). Im Prinzip könne man sich Typen abends vor dem Einschlafen noch nach Dutzenden ausdenken; die eigentliche Typenforschung jedoch beginne erst dort, "wo empirische Zusammenhänge und Korrelationen zwischen ... Merkmalsgruppen nachgewiesen werden, die man vorher nicht kannte oder nicht beweisen konnte" (S.415). Der Typbegriff sei ein unersetzliches Denkmodell zur Bearbeitung und Ordnung empirischer Tatbestände (S.417).

KRETSCHMER übernimmt hier WHEWELLs Bestimmung des Typus als Zentralpunkt, als ein nach außen nicht abgrenzbares Fixum. Gleichzeitig verweist er auf die unendlichen Möglichkeiten empirischer Typenbildung, sieht dabei aber die Typenextraktion als einen Prozeß schrittweiser Präzisierung und Vervollkommnung. Die Metrisierung ist für ihn Mittel, um physisch-psychische Eigenschaften mit einem exakten Zahlenausdruck zu belegen und deren korrelative Zusammenhänge auszuweisen.

Die metrisch-dimensionale Typisierung beruht also zuerst auf detaillierter Merkmalsermittlung und -analyse, dann auf Synthese durch Merkmalskombination bzw. Merkmalskorrelation. Metrisch-dimensionale Typen besitzen die Eigenschaft der Berechenbarkeit.

Mit den Mitteln der modernen Rechentechnik ist es möglich, Typen als Konzentrate hochkomplexer Strukturzusammenhänge zu entwickeln. Eine Gefahr dieser Art der Typenbildung liegt darin, daß sie sich mitunter verselbständigt, von dem taxonomischen Grundgerüst der betreffenden Disziplin ablöst und zu einem uferlosen Experimentierfeld wird.

Mit der metrisch-dimensionalen Typisierung hat sich auch die Frage der Typbenennung neu gestellt. Die verbale Kennzeichnung steht nicht mehr ausschließlich im Vordergrund. Typen werden mit Zahlen- und Buchstabenkombinationen und -codes belegt. Zum Teil bestimmen auch Formen der mathematisch-statistischen Behandlung den Typcharakter (Durchschnitts-, Diagramm-, Kurventypen usw.). Der Wortgebrauch von "Typ" hat also den traditionellen kategorialen Rahmen gesprengt und sich auf völlig andere Bezugsfelder ausgedehnt.

Zweifellos befindet sich die metrisch-dimensionale Typisierung seit Jahrzehnten in ständigem Vormarsch und bestimmt maßgeblich das moderne Methodenarsenal der typologischen Arbeitsweise. Damit sind aber die älteren Formen des Typeinsatzes keineswegs von der Bildfläche verschwunden. Sie beruhen auf teilweise anderen methodologischen Funktionen, die für bestimmte wissenschaftliche Problemzusammenhänge nach wie vor nutzbar gemacht werden können.

2.5. Zusammenfassung

In den vorstehenden Darlegungen sollte gezeigt werden, daß die wissenschaftliche Arbeit mit Typen einen langen historischen Entwicklungsprozeß durchmessen hat. Es hat dabei durchgreifende qualitative Veränderungen und eine zeitliche Schichtung des Wortgebrauchs von "Typ" gegeben, die - wenn "Typ" heute gelegentlich kritisch als buntschillerndes, terminologisch zu wenig festgelegtes Ausdrucksmittel angesehen wird - unbedingt berücksichtigt werden muß.

Es wurden drei Schichten der wissenschaftlichen Verwendung von "Typ" herausgehoben:

a) Typ als naturphilosophische Grundkategorie (Urtypus-Konzept),

b) Typ als taxonomische Kategorie,

c) Typ als metrisch-dimensionales Konstrukt.

Die erste und älteste Schicht - das Urtypus-Konzept - lief vor etwas mehr als 100 Jahren aus, ist also mit ihrem aus der Aufklärungszeit stammenden theoretischen Gehalt längst abgeschlossen. Vom methodologischen Gehalt her muß allerdings die nachfolgende zweite Schicht, die durch die breite Taxonomisierung des Typbegriffs gekennzeichnet ist, als eine Weiterentwicklung des Urtypus-Konzeptes unter Absehen von seinen spekulativen Zügen aufgefaßt werden. Der Urtypus wurde im Prozeß der Taxonomisierung so transformiert, daß Typen schließlich allgemein als Gattungsrepräsentanten, als idealisierte Gattungskerne angesehen werden konnten, in denen die gemeinsamen Wesensmerkmale aller Angehörigen der betreffenden Gattung synthetisiert erscheinen. Das war der Anstoß zur typologischen Arbeitsweise, die zur Entwicklung, Verfeinerung und zum Ausbau fachwissenschaftlicher Ordnungs- und Nomenklatursysteme entscheidend beitrug und heute noch beiträgt, wenn auch bei einem hohem Reifegrad wissenschaftlicher Systeme offenbar in geringerem Maße als bei sich entwickelnden. Die Ausprägung der taxonomischen

Funktionen des Typus rückte das Problem der exakten Merkmalsanalyse und des exakten Strukturvergleichs in den Vordergrund, so daß sich hieraus organisch der Übergang zur dritten und bisher jüngsten, durch Metrisierung, Merkmalsdimensionalität und breite forschungspraktische Anwendung gekennzeichneten Schicht vollzog, angefangen von einfachen verbalen Merkmalskombinationen bis schließlich hin zu numerischen, auf Korrelation, faktorenanalytischer Zusammenfassung u. ä. beruhenden Typenkonstruktionen. Dadurch hat die typologische Arbeitsweise eine weitere kräftige Ausweitung erfahren.

3. Terminologisierung des Wortes "Typ(us)" in der Geographie

Der allgemeine Entwicklungsgang der typologischen Arbeitsweise mit den aufgezeigten Hauptstationen der Terminologisierung, Taxonomisierung und Metrisierung des Typbegriffs spiegelt sich in der Geographie wie in den anderen typisierenden Fachwissenschaften disziplinspezifisch modifiziert wider.
Wann der Typbegriff in der Geographie überhaupt erstmals und wann er erstmals bewußt-methodisch eingesetzt wurde, ist nicht ganz leicht zu entscheiden und bedarf noch detaillierter Quellenforschung.

3.1. Zur Ausgangssituation im 16. bis 18. Jahrhundert

Vieles spricht dafür, den geographischen Ersteinsatz in Verbindung mit lateinischen Kartentiteln des 16. und 17. Jahrhunderts zu sehen, von denen Tab. 2 (S.46) eine Auswahl wiedergibt. Dort kam es zu einer bemerkenswerten Häufung von "typus" im Sinne "Abdruck, Abbildung, Bild, Übersicht" - ein Phänomen, das bereits nach rd. 100 Jahren wieder erlosch. Diese Verwendungsform von "typus" in der Kartographie hat sich also nicht durchgesetzt.
Fest steht, daß Bernhardus VARENIUS, der erste große Systematiker der Physischen Geographie und vielfach als Begründer der neuzeitlichen Geographie überhaupt angesehen, das Wort "typus" in der Originalfassung seiner "Geographia Generalis" (1650) nicht gebrauchte; er bediente sich solcher Ordnungsbegriffe, wie Klasse, Gattung (genus), Art (species). Erst später, nach VARENIUS` Tod, redigierte Isaac NEWTON die "Geographia Generalis" und fügte drei Windtafeln (Windrosen) als Tabellen bei, die mit "Typus Ventorum" tituliert sind (vgl. die Ausgabe Cambridge 1681).
Ungeachtet dieses in bezug auf die Wortverwendung zu konstatierenden Negativbefundes hat es verschiedene Versuche gegeben, VARENIUS *methodologisch* als einen frühen Vertreter geographischen Typisierens einzustufen (vgl. LAUTENSACH 1953, S.11; SCHMITHÜSEN 1970, S.121 ff.; z.T. auch schon S. GÜNTHER

Tabelle 2: Verwendung des Wortes "Typus" durch Kartographen des 16. und 17. Jahrhunderts (ausgewählte Beispiele)

Jahr	Zitat und Quelle
1507	*"totius orbis typus in solido"*; (Quelle: v. WIESER, PGM 1890/S.275)
1516	*"Generalem initur totius orbus typum..."*; Vermerk auf WALDSEEMÜLLERs Holzschnitt-Druck Carta Marina (Qu.: v. WIESER, PGM 1901/S.272)
1520	*"Tipus orbis universalis"*; Titel der ersten Weltkarte Peter APIANs (Qu.: PGM 1893/Lit.-Ber. S.76)
1558 bzw. 1561	*"Typi chorographici Austriae"*; der älteste Atlas der österreichischen Lande (Qu.: HANTZSCH, PGM 1908/S.262)
1567	*"Hungariae typus"*; Karte, vermutl. von Wolfgang LAZIUS (Qu.: W. RUGE, PGM 1903/S.261)
1571	*"Mansfeldici Comitatus typus chorographicus"*; Karte von Tilmann STELLA, publiziert von MELLINGER (Qu.: HANTZSCH, PGM 1907/S.24 u. ARNHOLD, PGM 1976/S.242ff.)
1573	*"Pomeraniae. Wandalicae regionis typis"*; Titel einer Karte aus dem Handatlas "Theatrum orbis terrarum" von Abraham ORTELIUS (Qu.: HESS, PGM 1966/S.73)
1578	*"Turingiae comitatus provincialis Verus ac germanus typus"*; Karte von Gerard de JODE (Qu.: HANTZSCH a.a.O.)
1578	*"Mansfeldiae comitatus diligens et acuratus typus"*; Karte von Gerard de JODE (Qu.: HANTZSCH, a.a.O.; ARNHOLD, a.a.O.)
1579	*"Peregrinationis Divi Pauli typus corographicus"*; Titel einer Kupferstich-Karte über die Reisen des Apostels Paulus aus dem Handatlas "Theatrum orbis terrarum" von Abraham ORTELIUS (Qu.: BECKER 1969, S.177, 179)
1579 bis 1580	*"Agri Cremonensis typus"*; Landtafel aus dem Reiseatlas "Itinerarium Orbis Christiani"; Michael v. EITZING, Amsterdam; (Qu.: BONACKER, PGM 1960/S.223)
1613	*"Nativus Sueciae adiacentiumque regnorum typus"*; Karte des Adrianus VENO (Aurelius), hergest. von J. HONDIUS (Qu.: PGM 1908/Lit.-Ber. S.205 u. KRIESCHE, PGM 1944/S.261)
1631	*"DANIAE regni typus"*; Kartenillustration zu einem Geschichtswerk über Dänemark von Johann PONTANUS, erschienen bei Hendricus HONDIUS in Amsterdam (Qu.: Haack. Geogr.-Kartogr. Kalender 1981. Gotha 1980),

PGM = Petermanns Geographische Mitteilungen

1905, S.59 ff., der einzelne Buchkapitel des VARENIUS pauschal gleich "Typen" setzte). SCHMITHÜSEN schreibt: "Das Ziel des VARENIUS war es, ... Gegenstandsgruppen zunächst nach allem, was man von der ganzen Erde wußte, typologisch zu gliedern. Ein Teil dieser Gegenstände, wie Wälder, Wüsten, Flüsse, Seen sind ganzheitlich begriffene Bestandteile der Landschaft ... . Was VARENIUS beigetragen hat, ist die Idee eines aus dem Wesen des Forschungsgegenstandes abgeleiteten methodischen Systems und ein umfangreicher Ansatz dazu, in der Allgemeinen Geographie die Bestandteile der geosphärischen Substanz typologisch zu gliedern und nach Wirkungszusammenhängen zu ordnen ..."(1970, S.122 u.125).

In der geographisch-kartographischen Literatur des 16., 17. und 18. Jahrhunderts hat "Typ(us)" offenbar keine Rolle im Wortgut gespielt. So konnten bei einer Durchsicht von KANTs, HERDERs und Johann Reinhold FORSTERs geographischen Schriften, der wichtigsten Werke GATTERERs und BÜSCHINGs, von Tobern BERGMANs zweibändiger Weltbeschreibung ("Physicalische Beschreibung der Erdkugel", Greifswald 1791) oder beispielsweise von Albrecht Georg SCHWARTZ' Band "Kurtze Einleitung zur Geographie des Norder-Teutschlandes Slavischer Nation ..." (Greifswald 1745) keinerlei Spuren gefunden werden.

KEDROW (1975, S.11 ff.) hat für die Situation der Wissenschaften im 17. und 18. Jahrhundert hervorgehoben, daß in dieser Periode ihrer Entwicklung die einseitig analytische Methode der Naturforschung, die analytische Naturzergliederung bis hin zum künstlichen, verabsolutierenden Losreißen der Einzelerscheinungen aus ihrem natürlichen Zusammenhang beherrschend war und die synthetische Betrachtung, die Bezugnahme auf das Naturganze noch im Hintergrund standen. Diese starke Zuwendung zur Analyse und Differenzierung "war zur damaligen Zeit progressiv, denn /sie/ bot die Möglichkeit, die Einzelheiten zu erkennen, ohne deren Kenntnisse auch das Gesamtbild der Welt unklar war" (a.a.O., S.12). Die Herrschaft des analytisch-isolierenden und enzyklopädischen Herangehens, das Fehlen einer systematischen Zusammenfassung des geographischen Stoffes (vgl. BECK 1957, S.3) und der damit geringe Bedarf an Instrumentarien der Synthese waren auch für die Geographie der ausklingenden Aufklärungszeit noch charakteristisch, sei es, daß sie

sich als "Reine Geographie" in der Tradition von LEYSERs "Commentatio de vera geographiae methodo" (1726) unter Verabsolutierung von Naturraumgrenzen und Naturraumindividuen oder beispielsweise durch nüchterne geographisch-statistische Staatenbeschreibungen in der Tradition von BÜSCHINGs "Neuer Erdbeschreibung" (1754 ff.) manifestierte.
Die Methodologie des "Zergliederungsdenkens" dieser Zeit, das notwendig bei der Analyse stehenbleiben mußte, findet sich in GATTERERs fragmentarischem "Abriß der Geographie" (1775) folgendermaßen - in bezug auf die geographische Behandlung des Klimas - gekennzeichnet (S.126):
"*Klima* heist hier derjenige Grad der Mischung sowol von Wärme und Kälte, als auch von Trockenheit und Feuchtigkeit der Luft, welcher einem jeden Erdstriche, Lande, oder Orte eigen ist. Die Ursachen, die jede Art des Klima bewirken, sind so vielfältig und so verwickelt, daß der eingeschränkte Verstand eines Menschen weder bey den Beobachtungen, noch bey dem Nachdenken über die Beobachtungen, sie alle zusammen auf einmal fassen kan. In solchen Fällen wendet der Mathematiker und Physiker, und mit ihnen der Geographe, so wie im gemeinen Leben jeder kluge Mensch, den Grundsatz des politischen Bösewichts: *Divide et impera*, zum Guten an."
Unter diesen Voraussetzungen war es in der Geographie zunächst schwierig, Gedankengut des sich entwickelnden naturphilosophischen Urtypus-Konzeptes aufzunehmen oder typensystematische Ansätze auszubilden. Die Situation änderte sich in der ersten Hälfte des 19. Jahrhunderts dann grundlegend, als es C. RITTER und A. v. HUMBOLDT gelang, aus dem Denken der Aufklärungszeit heraus eine Zusammenfassung und einheitliche konzeptionelle Behandlung des seinerzeit vorhandenen geographischen Wissens zu erreichen. Dieser Entwicklungsabschnitt wird allgemein als "klassische wissenschaftliche Geographie" (vgl. JACOB 1983, S.9) oder auch als "klassische deutsche Geographie" (vgl. BECK 1957) bezeichnet.

3.2. Einführung in die geographische Fachsprache und erste Typisierungen im Zeitalter der klassischen wissenschaftlichen Geographie (1799 bis 1859)

Für die klassische deutsche Geographie hat H. BECK (u.a. 1957, S.3) einen Zeitraum von 60 Jahren bestimmt, der mit dem Beginn von A. v. HUMBOLDTs großer amerikanischer Reise (1799) einsetzt und dem Todesjahr C. RITTERs und A. v. HUMBOLDTs (1859) endet. Damit ist die enge Verknüpfung einer wichtigen geographiegeschichtlichen Periode mit dem Lebenswerk der beiden damals international einflußreichsten Geographen sichtbar gemacht.
Kennzeichnend für beide Gelehrte ist, daß sie von einer weltanschaulich-philosophischen Einbindung des geographischen Wissens und Forschens ausgingen und das in ihren Ordnungskonzepten - wenn auch in unterschiedlicher Weise - umsetzten. Carl RITTER entwickelte vor allem von Positionen des - wie SCHULZ (1980, S.201) schreibt - "preußischen Pietismus" und der klassischen deutschen Philosophie her sein pädagogisch und gesellschaftshistorisch bestimmtes geographisches Mensch-Natur-Weltbild. In seiner Frühschrift "Schreiben eines Reisenden über Pestalozzi und seine Lehrart" (1808; sämtl. folgende Angaben dazu nach PLEWE 1932, S.32 ff.) knüpfte RITTER unmittelbar an das naturphilosophische Urtypus-Konzept an. Er schrieb, in der Katzenpfote sei "die Tigerklaue schon urbildlich enthalten, im Kohlblatt die Blätter aller Kohlarten", und so gäbe es "in der Anschauung ... ein Urbild von allem, ... alles hat seinen Urtypus" (a.a.O., S.33). In der lückenlosen Erfassung dieser Urtypen läge das Wesen der Wissenschaft. Auch die Physische Geographie müsse sich auf einige Urtypen bringen lassen. Wie diese Urtypen aufzufinden sind, wie sie beschaffen sein mögen, wußte er aber nicht zu sagen. Er hielt sogar jede Antwort für unsinnig, bevor seine "vergleichende" Untersuchung nicht über die ganze Erde ausgedehnt ist (a.a.O., S.33).
Daß sich RITTER mit der Frage der Aufstellung von Landschaftsurtypen näher befaßte, wird durch seine Absicht belegt, dem von ihm um das Jahr 1810 konzipierten, aber dann nie erschienenen "Handbuch der Allgemeinen Erdkunde oder die Erde, ein Beitrag zur Begründung der Geographie als Wissenschaft" einen Typenatlas beizugeben, der unter anderem - "da wir mit Länderkarten überhäuft sind" - einige Charakterkarten, z.B. ein Alpenland, eine Wüste, ein Inselmeer, eine

Klippenküste, eine Sandküste, ein Steppenland, ein Delta mit allen genauen Bestimmungen enthalten sollte (KRAMER 1864, Bd. I, S.260 u. 264; PLEWE 1959, S.108).
In seinem zweiteiligen Werk "Die Erde im Verhältniß zur Natur und zur Geschichte des Menschen, oder allgemeine, vergleichende Geographie als sichere Grundlage des Studiums und Unterrichts in physikalischen und historischen Wissenschaften" (1817 u. 1818) vertiefte RITTER seinen typenbezogenen Ansatz: Nur aus dem Verein der allgemeinen Gesetze aller Grund- und Haupttypen der unbelebten wie der belebten Erdoberfläche könne die Harmonie der ganzen, vollen Welt der Erscheinungen erfaßt werden (I, S.6). Der Inhalt dieser Haupttypen werde durch die Einheit von Gestalt und Bau gekennzeichnet (I, S.17). RITTER unterscheidet zwischen einer "objektiven" bzw. "reduzierenden" Methode, die "den Haupt-Typus der Bildungen der Natur hervorzuheben und dadurch ein natürliches System zu begründen sucht", und der in der Geographie bis dahin gebräuchlichen "subjektiven" bzw. "klassifizierenden" Methode (I, S.20). Nur aus den Grundtypen aller wesentlichen Bildungen der Natur könne ein natürliches System hervorgehen (I, S.21).
Die in seinem methodologischen Ansatz liegenden taxonomischen Potenzen schöpfte RITTER allerdings nicht aus. Er erwies sich nicht als strenglogischer Systematiker der geographischen Formen und Erscheinungen. Ein typenhaft-rationales Herangehen an geographische Probleme blieb ihm letztlich fremd; das führte ihn dazu, die Darstellung räumlicher Individualkomplexe in das Zentrum seines Schaffens zu stellen (E. LEHMANN 1983, S.23). So fehlte es auch seinem Typbegriff an der für eine Ordnungskategorie erforderlichen terminologischen Schärfe. Zwischen Typus und Individuum, zwischen Allgemeinem und Einzelnem bzw. Besonderem wurde nicht immer konsequent unterschieden (sichtbar z.B. im Kapitel, das dem Jordanland als "dem individualisirtesten Naturtypus" unter den nahöstlichen "Hochbassins" gewidmet ist; II, S.309).
RITTER kommt das große Verdienst zu, die Typenbildung erstmals als grundsätzliches geographisch-methodologisches Problem formuliert und mit Lösungsideen versehen zu haben. Er war der erste Geograph, der den Typbegriff in unterschiedlichen inhaltlichen Zusammenhängen und dabei vor allem mit Blick auf den Gesamtrahmen der Disziplin verwendete.

Carl RITTER gilt als der eigentliche geistige Vater und Begründer der Geographie als Wissenschaftsdisziplin (E. LEHMANN 1983, S.17). Das Wirken seines großen Zeitgenossen und Polyhistors Alexander von HUMBOLDT war hingegen besonders der Naturforschung zugewandt, wobei die Physische Geographie bei ihm eine Mittelpunktstellung einnahm. Zahlreiche naturwissenschaftliche Fachdisziplinen verdanken seiner induktiv und zugleich naturganzheitlich angelegten Betrachtungsweise den Übergang von der Sammlung mehr oder weniger sicherer Einzelangaben zur wissenschaftlichen Systematisierung und Klassifizierung (BIERMANN 1982, S.85). E. LEHMANN hat auf die im Vergleich zu Carl RITTER fast gegenteiligen wissenschaftlichen Interessen A. v. HUMBOLDTs verwiesen, die "weniger auf den individuellen Erdraum als im wesentlichen typologisch gerichtet" gewesen seien (1983, S.17). Als Belege dafür können seine auf vergleichenden Studien beruhenden Einteilungen des allgemeinen Vegetationscharakters, der Wüsten- und Steppenlandschaften, der Vulkangestalten sowie der Genese der Vulkane, der Gebirge, ferner der Gesteine, Quellen, Völkerphysiognomien usw. usw. angesehen werden. Zu beachten ist jedoch, daß A. v. HUMBOLDT dabei den Typbegriff eher sporadisch, jedenfalls nicht durchgängig als methodologische Leitkategorie oder etwa als Ausdruck eines denkmethodischen Prinzips verwendet hat. Er sprach häufiger von Formen, Arten, Gruppen, Klassen.

Typgeschichtlich sind seine beiden Schriften "Ideen zu einer Physiognomik der Gewächse" (1806 bzw. überarbeitet 1849) und "Ideen zu einer Geographie der Pflanzen" (1807) von Bedeutung. Mit ihnen hatte er das erste theoretische Grundgerüst der Pflanzengeographie geschaffen und deren physiognomische Richtung begründet, die die Verschiedenartigkeit im Charakter der Vegetation zunächst als Ergebnis vor allem des Umwelteinflusses verstand (Geschichte der Biologie, 1985, S.340). Er schrieb im Jahre 1807 (Ausg. 1960, S.35): "Die Geographie der Pflanzen untersucht, ob man unter den zahllosen Gewächsen der Erde gewisse Urformen entdecken und ob man die specifische Verschiedenheit als Wirkung der Ausarbeitung und als Abweichung von einem Prototypus betrachten kann". Bemerkenswert für diese Zeit (Anf. d. 19. Jh.) ist, daß HUMBOLDT die Frage nach den Urformen bzw. Prototypen der Pflanzen nicht im Sinne des Urtypus-Konzeptes aufwarf, also weder in bezug auf dessen genetische Variante (Rekonstruktion einer früheren realen Ausgangsform) noch auf dessen idealisierende Fassung (Suche nach einer gemeinsamen idealen Grundform, z.B. der "Urpflanze" GOETHEs). Vielmehr sah er es als Aufgabe der Pflanzengeographie an, ***das Problem des gesetzmäßigen Wiederauftretens*** bestimmter Pflanzenformen in verschiedenen Erdregionen und in verschiedenen geologischen Zeitaltern mittels Typen zu klären, denn die "bildende Natur, durch die der Materie einwohnenden Kräfte auf gewisse Prototypen beschränkt, hat dieselben geognostischen Phänomene am Orinoco, an den mexicanischen Küsten des stillen Meeres, in Deutschland, Frankreich, Polen, Palästina und Nieder-Ägypten wiederholt" (Ausg. 1960, S.129).

Diese Überlegungen versuchte A. v. HUMBOLDT in einer Typenfolge umzusetzen, die er bereits im Jahre 1802 skizziert hatte und auf die er in seinem Lebenswerk immer wieder zurückkam, die er mehrfach überarbeitete und veränderte (zuletzt für die Reclam-Ausgabe seiner "Ansichten der Natur" 1849; vgl. SCURLA, in: HUMBOLDT 1959; S.32 ff.). Es handelte sich um 15, 16, 17 bzw. 19 Pflanzenformen (erst 1849 ausdrücklich auch als "Typen" bezeichnet), "von deren individueller Schönheit, Verteilung und Gruppierung die Physiognomie der Vegetation eines Landes abhängt" (HUMBOLDT 1959, S.105) und "deren Studium dem Landschaftsmaler besonders wichtig seyn muß" (1807; = Ausg. 1960, S.45). Ausgewiesen wurden u.a. die Palmenform, die Pisang- und Bananenform, die Form der Heidekräuter, die Kaktusform, die Form der Kasuarinen, der Nadelhölzer, der tropischen Lianen, die Grasform, die Form der Farne. Als Typ wurde alles das an Pflanzenformen herangezogen, "was durch Masse den *Totaleindruck einer Gegend* (gesp. Wk.) individualisiert" (HUMBOLDT 1959, S.105). Damit lag eine Synthetisierung vor, in der freilich das exakt erfaßbare bzw. meßbare Moment gegenüber ästhetischen Faktoren und dem subjektiven Eindruck zurücktrat. Die Kasuarinen zum Beispiel wurden als Pflanzengestalt eines "mehr sonderbaren als schönen Typus" bezeichnet (HUMBOLDT 1959, S.110). Die Bezugsobjekte der Typen blieben verschwommen; die Typenbildung war praktisch ohne exakte analytische Basis und nicht ohne weiteres nachvollziehbar. Ausgelegt wurden "reine" Typen. Übergangsformen, Mischtypen, eindeutige Abgrenzungskriterien und auch die Möglichkeit flächendeckender Erfassung waren nicht vorgesehen. Formiert wurde eine offene (= erweiterungsfähig angelegte) nichthierarchisierte *Typenreihe*.

Bei aller Unzulänglichkeit stellte A. v. HUMBOLDTs pflanzengeographisch-physiognomischer Ansatz einen ersten kühnen Entwurf dar, der das schon in Verbindung mit den "künstlichen" und "natürlichen" biologischen Klassifikationen entstandene Problem der methodisch-begrifflichen Beherrschung der gedanklichen Synthese in neuer Schärfe aufwarf. Er löste eine ausgedehnte kontroverse Diskussion aus, in deren Verlauf besonders auch die methodologischen Schranken der hier von HUMBOLDT praktizierten Art des Typisierens offengelegt und Anstöße zu ihrer Überwindung gegeben wurden. Die Skala der Auffassungen reichte von strikter Ablehnung bis zum Bemühen um konstruktive Weiterentwicklung. Oscar PESCHEL beispielsweise sah in HUMBOLDTs Physiognomik der Gewächse "eine völlig unwissenschaftliche Arbeit", die "nur eine Verständigung zwischen dem gelehrten Beobachter und dem Landschaftsmaler" darstellte (PESCHEL 1877, S.303-304). Demgegenüber zeigte die pflanzengeographische Typisierung starke Ausstrahlungskraft auf Carl RITTER (vgl. PLEWE 1932, S.33). Sie brachte LÜDDE (1846, S.375 ff.) dazu, die Ausweitung der HUMBOLDTschen pflanzengeographischen Betrachtungsweise auf die Länder- und Völkerkunde anzuregen, und löste im Verlauf des 19. Jahrhunderts eine Reihe von (meist regional gebundenen) Nachfolgestudien aus. Einen entscheidenden Ausbau erfuhr HUMBOLDTs Physiognomik der Gewächse schließlich in der Lehre von den Lebensformen der Pflanzen (vgl. TROLL 1974, S.75). Es gibt auch Auffassungen, daß A. v. HUMBOLDT mit ihr bereits dicht an die Schwelle DARWIN-WALLACEscher Anpassungs- und Zuchtwahllehre gelangte (SCURLA, in: HUMBOLDT 1959, S.46-47).

A. v. HUMBOLDTs Wirken fällt in die Zeit der Überwindung des Urtypus-Konzeptes und der zunehmenden taxonomischen Profilierung des Typbegriffs. HUMBOLDT erkannte angesichts "der Unermeßlichkeit des Naturlebens" "das Bedürfnis nach einem idealen Zurückführen der Formen auf gewisse Grundtypen" als wissenschaftlich gerechtfertigt an (a.a.O., S.322-323). Bezeichnungen - wie Urwald, Urzeit, Urvolk - hielt er allerdings für "ziemlich unbestimmte Begriffe, meist nur relativen Gehalts" (a.a.O., S.87). Dort, wo der Monogenismus des "klassischen" Urtypus-Konzeptes bei dem damaligen Stand der empirischen Forschung noch nicht erschüttert war, argumentierte er betont vorsichtig, wie z.B. in bezug auf die Abstammung des Menschen (HUMBOLDT 1934, S.185):

"In Rücksicht auf den Causalzusammenhang giebt es 2 Möglichkeiten der Entstehung des Menschengeschlechts:

1. Entweder giebt es einen Urtypus, der durch Degeneration und Einwirkung des Klimas Varietäten gebildet hat oder
2. es sind mehr wahre Typen der Bildung gleichzeitig gewesen ...

Die Geschichte reicht nicht so weit hinauf und der Streit kann also nicht geschlichtet werden, so wenig als der, ob alle Sprachen von einer Ursprache abstammen, oder alle Schrift von einem Uralphabeth". (Zeit seines Lebens neigte A. v. HUMBOLDT freilich der Auffassung von der Abstammung aller Menschen von einem einzigen Paar zu).

Die Bemühungen Carl RITTERs und Alexander von HUMBOLDTs um die Nutzung des Typbegriffs bei der Sichtung und Strukturierung geographischer Sachverhalte wurden von den Zeitgenossen stark beachtet. Dadurch und angesichts der zunehmenden taxonomischen Fundierung der Biologie und anderer Disziplinen, des Erscheinens der ersten großen Typenlehren in der Biologie, Sprachwissenschaft, Chemie weitete sich der Gebrauch des Wortes "Typus" auch in der geographischen Literatur, vor allem von den 30er Jahren des 19. Jahrhunderts an, erheblich aus. Das ist mit einigen charakteristischen Beispielen zu belegen.

Im Jahre 1841 veröffentlichte DENAIX in Paris ein Buch unter dem Titel "*Géographie prototype* de la France, contenant des éléments d' analyse naturelle applicable à tous les états ...", also eine "Mustergeographie" Frankreichs mit Elementen einer auf alle Staaten anzuwendenden Naturanalyse; hier ist das Bemühen erkennbar, den (Proto-)Typbegriff gezielt zur Methodenvereinheitlichung im Vorfeld eines geographischen bzw. Staatenvergleichs zu nutzen.

LÜDDE nahm in seinem Werk "Die Geschichte der Methodologie der Erdkunde" (1849) den Typbegriff *erstmals in eine Gegenstandsdefinition der Geographie* auf. Er bestimmte die Geographie als "die Wissenschaft des von dem Causalnexus der Typen des Erdraumes und der Cultur der Menschenwelt abhängigen Erdbürgerthumes" (S.XI) und reproduzierte damit kurz gefaßt RITTERs prinzipiell anthro-

pozentrische Sicht, seine Auffassung von der Erde als dem Wohnhaus bzw. dem "Erziehungshaus" der Menschen.
LÜDDE sind noch weitere interessante Überlegungen zum geographischen Typusproblem zu verdanken (1843, S.152 ff.). Am Beispiel der Alpen wies er darauf hin, daß es bei der Beschreibung von Individualitäten wichtig sei, diese jeweils über einen allgemeinen Typus zu kennzeichnen. "... und dieser Typus muß sich in einem Centralisations-Punkte am stärksten ausprägen, während er sich seiner Peripherie zuwärts immer weiter lösen und endlich in eine andere ... benachbarte Individualität übergehen wird. (Grenzen zwischen beiden sind in der Wirklichkeit eigentlich gar nicht vorhanden, wie ja alles in der Körper- und Geister-Welt sich durch unzählige Modificationen abstuft und in einander übergreift)", a.a.O., S.153. Hier klingen Gedanken des von WHEWELL entwickelten theoretischen Typus-Modells an (Typen als Kern reiner Merkmalsausprägung ohne äußere Zuordnungsgrenzen).

Ein weiteres Beispiel, das zugleich die zunehmende bewußt-methodische Verwendung des Typbegriffs demonstriert und in der konzeptionellen Anlage bereits weit aus der klassischen Geographie hinausweist, findet sich in dem dreibändigen Werk "Java - seine Gestalt, Pflanzendecke und innere Bauart" (dt. 1857), verfaßt von dem Arzt und Naturforscher JUNGHUHN im Ergebnis seines vieljährigen, 1848 abgeschlossenen Aufenthaltes in Indonesien. JUNGHUHN - auch als der "javanische Humboldt" bezeichnet und von v. RICHTHOFEN als eine der hochrangigen "Koryphäen auf dem Gebiet der physischen Geographie" herausgehoben (1886, S.12) - gelangte zu einer in Typen gefaßten morphologischen Gliederung der Insel Java:
"Wenn wir ... die zahlreichen Bergketten ... übersteigen, die einsamen Thäler, die zwischen ihnen liegen, durchwandern und uns die regelmässige, symmetrische Form der vulkanischen Kegelberge in's Gedächtniss zurückrufen, so wird es uns auf den ersten Blick scheinen, als ob der neptunische Theil der Insel Java ein Chaos sei, ein Wirrwarr von verschiedenartig gestalteten Bergen, Thälern und Klüften, worin jede Regelmässigkeit fehlt, - bei einer genauern Betrachtung werden wir uns aber bald überzeugen, dass die äussere Gestalt stets von der inneren Structur und der Lagerungsart des Gebirges abhängig ist und werden im Stande sein, alle verschie-

denen Landformen auf zwölf allgemeine Typen zurückzubringen" (Bd.I, S.46). Diese 12 Typen (oder Formen; JUNGHUHN gebraucht beides gleichberechtigt nebeneinander) werden ausführlich mit Beispielen besprochen (Bd.III, S.V-VI u. S.30ff.), jedoch nicht mit Namen belegt. Interessant ist, daß sie nur die "neptunischen", also die nichtvulkanischen und nichtquartären Landformen Javas erfassen und demzufolge nicht flächendeckend ausgelegt sind. Dominierend ist der physiognomisch-morphographische Aspekt, dessen typenmäßige Differenzierung durch stratigraphisch-genetische Befunde ("Lagerungstypen") abgestützt wird.
Methodisch handelt es sich hier um eine Inventarisations- bzw. Aufteilungstypenreihe mit hoher Verallgemeinerungswürdigkeit, aber geringer Merkmalsverdichtung; die Merkmalsstruktur ist nach dem Leit- und Begleitprinzip ausgelegt. JUNGHUHNs Typen und ihre konzeptionelle Einbindung stellen eine der glänzendsten forschungsmethodischen Leistungen der klassischen Geographie dar.

Angesichts der bisher besprochenen Beispiele stellt sich die Frage, wie denn in der Breite der damaligen geographischen Literatur die Arbeit mit Typen ausgeprägt war. Orientieren wir uns hierzu auf zeitgenössische Zeitschriften der Geographie, von denen es in der ersten Hälfte des 19. Jahrhunderts bereits eine ganze Reihe - allerdings meist mit nur kurzer Erscheinungsdauer - gab. Unter ihnen nahm die in Magdeburg herausgegebene "Zeitschrift für (vergleichende) Erdkunde", die zuerst von J. G. LÜDDE, dann von Heinrich BERGHAUS redaktionell geleitet wurde, einen geachteten Platz ein. Sie brachte es im Zeitraum von 1842 bis 1850 auf insgesamt 7 Jahrgänge mit zusammen rd. 5000 Seiten, bevor sie, wohl aus ökonomischen Gründen, eingestellt werden mußte.
In allen Jahrgängen dieser Zeitschrift begegnen uns Vertreter der -typ-Wortfamilie. Sie treten jedoch relativ verstreut auf. Neben gelegentlichem Gebrauch von "typisch", "Typographie" u.ä. steht das Grundwort "Typus" mit seinen Wortbildungskonstruktionen eindeutig im Mittelpunkt. Wortableitungen (= Derivate, z.B. Ur-, Haupt-, Grundtypus) sind verhältnismäßig stark vertreten, Wortzusammensetzungen (= Komposita = Verbindungen von selbständigen Wörtern, z.B. Vegetationstypus, Neger-Typus, Typensatz eines Buches) hingegen noch sehr wenig:

Simplizia "Typus" bzw. "Typen"	39 Belege	= 73 %
Derivate von "Typus"	10 Belege	= 19 %
Komposita mit "Typus"	4 Belege	= 8 %
Insgesamt	53 Belege	= 100%

Die Mehrheit der Typenausdrücke ist als Einzelbezeichnung angelegt. Es gibt nur wenige Ansätze zu Typenreihen (besonders bei Aufzählungen von Pflanzenfamilien und Menschenrassen). Unter den Derivaten gibt es solche mit bereits anklingender taxonomischer Funktion (Haupt-, Grundtypus). Werden die Wortgruppen betrachtet, in die das Grundwort (= Simplex) "Typus" eingebunden wurde, so spielt der zufällige (= okkasionelle) Gebrauch noch eine bedeutende Rolle, wie z.B. die Bildungen "Typus des wahren hellenischen Lebens", "ein Typus von Verstand und Fähigkeit" erkennen lassen. Andererseits zeigt sich auch schon graduell ein Übergang zu festen (= usuellen) und konkret determinierten Wortgruppen, sichtbar z.B. in den Bezeichnungen:

entschiedener, überwiegender, herrschender, leitender, eigentümlicher, allgemeiner, physiognomischer, innerer, vegetativer, menschlicher, slawischer, römischer, asiatischer Typus; Typen bestimmter Pflanzenfamilien, Typen des europäischen Formenkreises der Pflanzen, Typus der afrikanischen Menschenrasse usw.

Inhaltlich dominiert im Belegmaterial der naturbezogene Aspekt; gesellschaftliche Zusammenhänge stehen am Rande und werden hauptsächlich über völkerkundliche bzw. kulturgeschichtliche Typenbildungen reproduziert:

Anthropologisch-völkerkundlich-kulturgeschichtlicher Bezug	20 Belege	= 38 %
Biologischer Bezug	12 Belege	= 23 %
Allgemeincharakter, Allgemeinbild	8 Belege	= 15 %
Allg. Natur- und Landschaftscharakter, einzelne Naturlandschaftselemente	8 Belege	= 15 %
Drucktechnik	5 Belege	= 9 %
Insgesamt	53 Belege	= 100 %

Die meisten Belege entfallen auf solche inhaltlichen Bereiche, die *von anderen Wissenschaften* mit damals bereits entwickeltem taxonomischem Profil geprägt waren.
Das gilt besonders für die anthropologisch-völkerkundliche Richtung. Schon im 18. Jahrhundert hatte J. F. BLUMENBACH die Anthropologie auf vergleichend-anatomischer Basis begründet und damit die Grundlage für physiognomische Klassifizierungen von Menschenrassen, Völkerstämmen sowie für entsprechende Ableitungen von Verbreitungsgebieten der Völker gelegt; im Jahre 1798 erschien in Leipzig z.B. seine Schrift "Über die natürlichen Verschiedenheiten im Menschengeschlechte".
Das gilt auch für die biologische Richtung, welche bei der Taxonomisierung des Typbegriffs in der ersten Hälfte des 19. Jahrhunderts generell - wie bereits dargelegt wurde - eine entscheidende Rolle spielte. Die in der Zeitschrift festgestellten Typbelege sind ausschließlich botanisch gelagert, stellen teils Direktentnahmen aus der zeitgenössischen Pflanzensystematik dar (Beispiele: Typen der Rhizoboleen, Borraginaen, des nordischen Florenreiches) oder bezogen sich allgemein auf den Vegetationscharakter.
Eine Reihe weiterer Typverwendungen ist ganz allgemein gehalten. "Typus" steht dort für "Gepräge" bzw. "Charakter" und wird in diesen Fällen nichtstrukturiert, ohne analytische Grundlage, oft sogar impressiv gebraucht. Mit näherer Zuwendung zu den Naturverhältnissen, zur landschaftlichen Betrachtung gewinnt er allerdings an konkretem Gehalt, auch an *geographischer* Aussage bis hin zur Kennzeichnung einzelner Elemente der Erdoberflächengestaltung (z.B.: der kontinentalere Typus der Wolga[Flüsse]; der Sumbing als Typus aller anderen Vulkane Javas hinsichtlich der an seinem Kegel besonders schön und regelmäßig ausgebildeten Erosionsrinnen und Rippen [Vulkane]).
Im Ergebnis der Durchsicht der "Zeitschrift für (vergleichende) Erdkunde" überraschen - auch im Vergleich etwa mit C. RITTERs und A. v. HUMBOLDTs Schriften - Umfang und Vielseitigkeit des verwendeten -typ-Wortguts. Seit Jahrhundertsbeginn, also in einem Zeitraum von nur 30 bis 40 Jahren, hatte "Typus" offensichtlich einen festen Platz im Sprachschatz der Geographen eingenommen. Die Analyse zeigt aber auch, daß von einer konstruktiven Rolle der Typ-Ver-

wendungen für die Herausbildung des logischen Systems der Geographie in dieser Phase kaum zu sprechen ist.

3.3. Anmerkungen zur geographischen Typenbildung im Zeitraum von 1860 bis 1886

Gemäß der Periodisierung von BECK (1957) schließen sich an die (deutsche) geographische Klassik folgende Zeitabschnitte an:

1859 - 1869 *Vorstadium der modernen Geographie; Blüte der explorativen Geographie (Geographie der Entdeckungsreisen);*

1870 - 1905 *die moderne Geographie unter dem Einfluß RATZELs und v. RICHTHOFENs.*

Aus typgeschichtlicher Sicht ist es zweckmäßig, ein Zeitintervall von 1860 bis 1886 auszugrenzen, das nach dem Todesjahr von RITTER und A. v. HUMBOLDT (1859) einsetzt und mit dem Erscheinen von v. RICHTHOFENs bahnbrechendem "Führer für Forschungsreisende" (1886) endet. In dieser "postklassischen" Periode der Geographie *festigte* sich der terminologische Gebrauch von "Typus", ohne jedoch schon zu einem ernstzunehmenden Faktor der sich allmählich entwickelnden fachwissenschaftlichen Methodik und Systematik zu werden und ohne damit dieser Zeit den Charakter eines besonderen "Vorstadiums" der taxonomisch-typologischen Arbeitsweise in der Geographie zu verleihen.

Prägende Persönlichkeiten waren Oscar PESCHEL (1826-1875) und August PETERMANN (1822-1878).
PESCHEL griff das Wort "Typus" gelegentlich in völkerkundlichen, biogeographischen, seltener in geomorphologischen Zusammenhängen auf; das Urtypus-Konzept - die Entwicklung der Organismenvielfalt als "gleichsam strahlenförmige Entfernung vom Urtypus" (1860; s. PESCHEL 1877, S.498) - war bei ihm noch tief verwurzelt. Bei PESCHEL fehlten - wie PLEWE (1932, S.68) kritisch vermerkte - die "Eindringlichkeit der Analyse" und eine exakte Methodik des geographischen Vergleichs; das beides sind objektive Schranken für ein erkenntniswirksames typo-

logisches Herangehen. PETERMANN, dem Namens- und ersten Herausgeber der Gothaer Fachzeitschrift "Petermanns Geographische Mitteilungen", waren typenhafte Determinationen fremd; seine Interessen lagen vorzugsweise bei der Faktenerkundung im Rahmen geographischer Reiseforschung (Afrika, Polargebiete u.a.).

Gegen Ende der 70er Jahre wurde erstmals in der Geschichte der Geographie eine breite Diskussion zur Methodik des Faches eingeleitet (MARTHE 1877, H. WAGNER 1878); es ging dabei um das Methodenproblem allgemein, um die spezifisch geographische Methode, um den geographischen Vergleich und den Begriff des geographischen Individuums, um die Erfassung des Allgemeinen, Typischen, Gesetzmäßigen und seine Gruppierung zu logischer Übersichtlichkeit, um das Problem geographischer Grenzen - das Typproblem selbst fand hier noch keine theoretisch wertende Behandlung.

Die nachfolgenden Analysen zur Taxonomisierung des Typbegriffs werden den Zeitabschnitt 1860 bis 1886 mit einbeziehen und durch entsprechendes Belegmaterial vertiefend kennzeichnen.

3.4. Zusammenfassung

Die Betrachtung von Beispielen und Zitaten aus der Frühzeit geographischen Typisierens kann hier abgeschlossen werden. Das Bild, das sie bieten, ist facettenreich und schwer in ein knappes Ordnungsschema zu bringen. Zusammengefaßt lassen sich folgende Leitaspekte herausstellen:

Erstens: ***Im Zeitalter der klassischen Erdkunde erfolgte die geographische Terminologisierung des Wortes "Typ(us)".*** Sie bestand in der Einführung in die Fachsprache und in dem Durchbruch zum relativ verbreiteten disziplinären Gebrauch.

Zweitens: ***Einflüsse des Urtypus-Konzeptes sind auch bei der klassischen und postklassischen Geographie nachweisbar.*** Entscheidende Durchschlagskraft erreichten sie jedoch nicht. Zwar waren die weltanschaulichen Bedingungen dafür unter den damaligen Geographen durchaus gegeben (RITTER !), es fehlten jedoch vom Disziplingegenstand her die Voraussetzungen für eine umfassende Einbeziehung. Nicht zuletzt mangelte es an einem geeigneten übergeordneten Bezugspunkt, einem geographischen Leitbegriff; der Landschaftsbegriff übernahm erst später derartige Funktionen.

Drittens: ***Ansätze zu einer geographischen Taxonomisierung des Typbegriffs finden sich schon relativ früh, wenn man A. v. HUMBOLDTs pflanzengeographisch-physiognomische Typen- bzw. Formenreihe im Erstentwurf von 1802 als zeitlichen Bezugspunkt nimmt.*** Charakteristisch für die "klassischen" Geographen ist jedoch, daß - bei aller Originalität vieler ihrer Versuche wie auch angesichts zahlreicher Anleihen bei Systematiken der Nachbarwissenschaften - die Bezeichnung "Typus" nicht konsequent und durchgängig als Ordnungskategorie eingesetzt wurde, weder bei A. v. HUMBOLDT noch bei RITTER, J. FRÖBEL, Heinrich BERGHAUS und selbst nicht bei JUNGHUHN und bei PESCHEL. Im praktischen Gebrauch trat sie in der Regel hinter dem Wort "Form" zurück. Schon dadurch konnte sie zunächst nur begrenzt taxonomische Funktionen entfalten. Der Weg zu einer mit anderen Disziplinen (Zoologie, Sprachwissenschaft, Chemie) vergleichbaren geographischen Typenlehre war damals auch verstellt durch Probleme, die sich aus dem Grad der analytischen Durchdringung, dem Entwicklungsstand des fachmethodischen Instrumentariums und der theoretischen Erschließung der geographischen Substanz ergaben. Erkenntnisschranken wirkten sich vor allem aus, wenn eine vergleichend-raumbezogene Bewertung der Naturerscheinungen und die wissenschaftliche Einordnung gesellschaftlicher Zusammenhänge gefordert waren. Hierin wurzelten auch die meisten zeitgenössischen Kontroversen um den Gegenstand der Geographie. Bedeutsam war weiterhin, daß sich - trotz umfänglicher Diskussionen beispielsweise zum Problem geographischer Grenzen - noch kein räumlich-taxonomisches Grundgerüst anbahnen ließ, welches die eigentlich geographische Bezogenheit typologischer Synthesen qualitativ entscheidend verbessert hätte. So geriet die Geographie der klassischen und postklassischen Zeit durchaus in die Gefahr, sich - ob mit dem Wort "Typus" belegt oder nicht - im Sachtypisieren zu verlieren, statt sich im Räumlichen zu konstituieren (BECK 1961, S.115).

Viertens: Es erscheint berechtigt, die Frage zu stellen, ob die Typenbildung in der klassischen und postklassischen Geographie denn überhaupt schon den Status bzw. die methodologische Qualitätsstufe der typo***logischen*** Arbeitsweise erreicht hat. Das ist insgesamt zu verneinen. ***Der Übergang vom gelegentlich erwähnten Einzeltyp mit verschwommenem Objektbezug zu Typenreihen in einigen Fällen läßt zwar Koordinierungsbemühen erkennen, führte aber insgesamt noch nicht zu logisch-methodischer Durcharbeitung.*** Lediglich JUNGHUHNs javanische Gebietstypen - in der Zeit der ausklingenden geographischen Klassik aufgestellt - können als Beispiel für eine solche Durcharbeitung (wenn auch noch nicht mit dem Ergebnis eines hierarchisch und flächendeckend ausgelegten geographischen Typen*systems*) angesehen werden und damit als eine echte Pionierleistung geographisch-typologischen Arbeitens gelten.

Zu betonen ist, daß diese Beurteilung nach Maßstäben des *Sprachcharguments* getroffen wurde (Berücksichtigung alles dessen als Typenbildung, was auch durch den Wortgebrauch von "Typ(us)" als solche gekennzeichnet ist). Eine etwas andere Sicht ergibt sich, wenn - wie in der geographiegeschichtlichen Literatur verbreitet - das *Methodenargument* in den Mittelpunkt gerückt wird. Dann liegen die geographisch-typologischen Erstversuche, ohne verbal als solche gekennzeichnet zu sein, erheblich früher. Eine Beurteilung auf solcher Basis unterliegt aber zu großen Unschärfen und Auslegungsspielräumen und wird deshalb im Rahmen der vorliegenden Studie nicht weiter verfolgt.

4. Die Taxonomisierung des Typbegriffs in der Geographie (dargestellt auf der Grundlage einer systematischen Beleganalyse für die Jahrgänge 1855 bis 1987 der Zeitschrift "Petermanns Geographische Mitteilungen")

Bis in die 80er Jahre des 19. Jahrhunderts hinein war das geographische Arbeiten mit Typen - wie gezeigt wurde - noch erheblich mit Elementen der Spontanität und Sporadität behaftet. Es blieb also erst späteren Zeiten vorbehalten, den Weg zu einem regelhaften, prinzipienbestimmten Einsatz des Typbegriffs zu weisen. Allerdings waren schon in der Frühzeit des geographischen Typisierens einige grundsätzliche Probleme und Aufgaben deutlich geworden, deren Lösung für die tiefgründige geographische Taxonomisierung des Typbegriffs und damit für die Formierung der geographisch-typologischen Arbeitsweise anzustreben war. Sie betrafen die Notwendigkeit,

- den Typbegriff konsequenter in die sich entwickelnde geographische Forschungsmethodik zu integrieren und seine Anwendung zu verbreitern,
- die Erkenntnisfunktionen der Typenbildung zu schärfen und den Systemcharakter auszuprägen,
- die analytischen Voraussetzungen und die prozedurale Transparenz zu verbessern,
- den Terminus "Typ(us)" exakter und eindeutiger zu handhaben, seine Wortbildungspotenzen zu nutzen und fachsprachlich zu stabilisieren.

Mit den genannten Problemen und Schwerpunkten sind zugleich die Hauptrichtungen eines langzeitlichen Prozesses gefaßt, der sich in der Geographie bis in die unmittelbare Gegenwart hinein vollzieht und in dessen Verlauf *typologische Determinationen* in nahezu alle Bereiche geographischer Faktendarstellung Einzug gehalten haben.
Um diesen Prozeß in seiner Gesamtheit und Kontinuität überschaubar zu machen, werden im folgenden die Ergebnisse einer Längsschnittuntersuchung von -typ-Wortgut für einen Zeitraum von mehr als 130 Jahren (1855 bis 1987) vorgelegt.

4.1. Materialbasis und Materialkritik

Für die Wortgutanalyse bestand das prinzipielle Ziel, nicht schlechthin Belege zu sammeln, sondern sie in einem zeittypischen Kontext möglichst zahlreich, vielseitig und statistisch bearbeitbar zu erschließen.

Als besonders geeignet erwies sich dafür die in Gotha herausgegebene Zeitschrift "Petermanns Geographische Mitteilungen" (kurz: PGM). Sie ist eine der ältesten gegenwärtig erscheinenden geographischen Fachzeitschriften. Im Jahre 1855 wurde sie begründet; in das Jahr 1987 fällt der 131. Jahrgang. Die Kontinuität des Erscheinens wurde lediglich einmal kurz unterbrochen; in den Jahren 1946 und 1947 ruhte die Herausgabe. Insgesamt hat die Zeitschrift - ohne die über 280 parallel in unregelmäßiger Folge publizierten und in die vorliegende Analyse nicht mit einbezogenen "Ergänzungshefte zu Petermanns Geographischen Mitteilungen" - einen Bestand von mehr als 53 000 großformatigen Seiten erbracht. Inhaltlich war die Zeitschrift von Anfang an auf alle Bereiche der geographischen Wissenschaft orientiert und in hoher Auflage auf weite internationale Verbreitung ausgelegt. Nach der Absicht ihres Gründers sollte sie "zur allgemeinen Kunde neuer oder überhaupt wichtiger Forschungen auf dem Gesamtgebiete tellurischer Wissenschaft" beitragen (PETERMANN 1855, S.2).

E. NEEF konnte im Jahre 1969 feststellen, daß Petermanns Geographische Mitteilungen "über viele Jahrzehnte hinweg unmittelbar Anteil an der Formung eines geographischen Weltbildes genommen" haben (S.49). Mit ihrer hohen Anzahl von Jahrgängen und ihrem breitgefächerten inhaltlichen Profil stellt die Zeitschrift auch über die Geographie hinaus eine unschätzbare, leider noch unzureichend erschlossene Quelle für die Wissenschaftsgeschichte bis in die Gegenwart hinein dar (vgl. KÖHLER 1981, S.115).

Verfahren wurde bei der Wortgutanalyse nach dem Prinzip der *kontextbezogenen* Aufnahme und Dokumentation der -typ-Wortbildungen.

Einige Besonderheiten der Quellenlage sind zu berücksichtigen.

Zum einen besitzen PGM auch dahingehend echten Fachzeitschriftencharakter, daß die hier publizierten Beiträge in der Regel auf knappe Zusammenfassung ausgelegt sind. Folglich kann angenommen werden, daß die ausführliche Beschreibung von Typensystemen, wie sie gelegentlich etwa in geographischen Lehr- und Handbüchern oder Monographien erscheint, im PGM-Belegfundus etwas unterrepräsentiert ist. Festzuhalten ist aber auch, daß es in der Weltgeographie kaum ein theoretisch bzw. methodologisch voranweisendes Typensystem gegeben haben dürfte, das in PGM nicht wenigstens erwähnt wurde.

Zum zweiten sind Petermanns Geographische Mitteilungen über 100 Jahre lang (bis 1961) durch führende Geographen fast ausschließlich in Einzelherausgeberschaft betreut worden. Jede "Ära" der Zeitschrift - von A. PETERMANN bis E. NEEF - war natürlich durch die persönliche Handschrift dieser Gelehrtenpersönlichkeiten stark mitgeprägt worden. Für die vorliegende Untersuchung sind aus dieser Sicht vor allem zwei Spezifika zu beachten:

a) In der ersten Phase der Zeitschrift (besonders ausgeprägt bis in die 80er Jahre des 19. Jahrhunderts) lag bei der Veröffentlichung von Reise- und Expeditionsberichten, ja sogar von Tagebuchnotizen ein besonderer Schwerpunkt. Diese Fachliteraturgattung war überwiegend durch einen geringen Grad wissenschaftsmethodischer Durcharbeitung gekennzeichnet. Es ist daher davon auszugehen, daß Typbelege in dieser Zeit *geringer* angefallen sind, als es dem damaligen Entwicklungsstand der Geographie entsprach.
b) Seit Mitte der 60er Jahre unseres Jahrhunderts prägten die Forschungen der NEEFschen geoökologischen Schule und der Naturraumbewertung in immer bedeutenderem Maße das Gesicht der Zeitschrift. Typologische Konzepte sind in dieser physisch-geographischen Arbeitsrichtung fest verankert und detailliert ausgearbeitet. Für PGM ist daher davon auszugehen, daß spezifisch gestaltete Typbelege dieses Forschungsgebietes *stärker* anfallen, als das dem gegenwärtigen allgemeinen Stand der Geographie entspricht.

Eine wichtige Frage ist die nach der internationalen Repräsentanz der in Petermanns Geographischen Mitteilungen aufgefundenen Typbelege. Grundsätzlich demonstrieren die mehr als 800 fremdsprachlichen Typzitate aus PGM und ergänzende Durchsichten führender russisch-, englisch- und französischsprachiger Fachzeitschriften, daß die allgemeinen Rahmenbedingungen und die Grundzüge der Entwicklung der typologischen Arbeitsweise weltweit in der Geographie ähnlich gelagert sind. Zu berücksichtigen ist auch, daß von jeher seitens der Geographie im deutschsprachigen Raum starke methodologische Einflüsse auf die internationale Ebene ausgegangen sind. Eine eingehende Bewertung der in anderen Sprachgebieten und Staaten aufgetretenen Spezifika der geographisch-typologischen Arbeitsweise ist allerdings im Rahmen dieser Arbeit und auf der Basis des hier herangezogenen Analysematerials nicht möglich.

Mit Blick auf die internationalen Dimensionen muß hervorgehoben werden, daß eine im Deutschen angesetzte Wortgutanalyse in vielerlei Hinsicht aussage- und leistungsfähiger sein kann als eine solche für zahlreiche andere Sprachen. Das hängt mit den Besonderheiten der deutschen Wortbildung zusammen. Der Übergang von lockerem syntaktischem Gefüge zu Wortbildungskonstruktionen und neuen festen Termini ist hier mehrstufig und im Wortbestand oft gut sichtbar angelegt. Hierzu sind durch STEPANOWA u. FLEISCHER (Grundzüge der deutschen Wortbildung; 1985) ausführliche theoretische Grundlagen erarbeitet worden, die auch der vorliegenden Studie als Anknüpfung dienen. Der Reichtum an deutschen Derivaten und Komposita in Verbindung mit dem Grundbaustein -typ- zeigt in der Entwicklung wie wohl bei keiner anderen Sprache die Einheit von inhaltlichem, begrifflichem und methodischem Erkenntnisfortschritt. Dieser Prozeß kann im Prinzip über folgende qualitative Stufen verfolgt und abgebildet werden:

a) Einführung des Wortes "Typ(us)" und Einbindung in lockeren syntaktischen Zusammenhängen;

b) Formierung des Wortes "Typ(us)" in sich zunehmend festigenden Wortgruppen;

c) Formierung von -typ-Wortbildungskonstruktionen, d.h. Verschmelzung von -typ- mit anderen bedeutungstragenden Wortelementen (Univerbierung);

d) Überführung einzelner -typ-Wortbildungskonstruktionen in die verbreitete fachsprachliche Verwendung bis hin zur "Wörterbuchreife".

Die nachfolgende Analyse soll vor allem diesen Prozeß ausleuchten.

4.2. Die Entfaltung der -typ-Wortfamilie im fachsprachlichen Gebrauch der Geographie

Bevor die inhaltliche Seite des -typ-Wortgutes aus PGM dargelegt wird, ist es notwendig, dem quantitativ-formalen Aspekt Aufmerksamkeit zu schenken.
Dadurch erhält die Wortgutanalyse einen sicheren Bezugsrahmen, und zum anderen können hierbei die wichtigsten Wortbildungsprozesse und Verzweigungen der -typ-Wortfamilie gekennzeichnet werden. Es geht also um die formale Struktur der sprachlichen Realisierungsformen des Typbegriffs und ihre Entwicklung in der Geographie.
Zunächst ist der bereits früher (S.15, 48, 49) verwendete Begriffsapparat auszubauen.

4.2.1. Begriffliche Grundlagen

Mit SCHIPPAN (1987, S.40) ist unter "*Wortfamilie*" eine Gruppe von Wörtern zu verstehen, "die etymologisch verwandt sind und deren Kernwort in der Gegenwartssprache noch existiert"; Wortfamilien sind das Produkt des ständigen Ausbaus des Wortschatzes mit Hilfe der *Wortbildung*.
Die Gesetzmäßigkeiten der Wortbildung gründen sich auf bestimmte wortmorphologische Strukturen und entsprechende Basiseinheiten, die *Morpheme*. Morpheme sind Bezeichnungen für die äußere Gestalt eines Ausdrucks und stellen die kleinsten bedeutungstragenden Einheiten der Sprache dar (vgl. ALBRECHT 1975, S.273; Lexikon sprachwiss. Termini, 1985, S.154).
Bei der -typ-Wortfamilie haben wir es zunächst mit dem *Grundmorphem* "-typ-" zu tun. Es kann einerseits als selbständiges substantivisches Einzelwort bzw. *Simplex* fungieren ("Typ"), andererseits in *Wortbildungsprozesse* einbezogen werden:

a) durch Verbindung mit *Wortbildungsmorphemen* (Präfixe, Suffixe) zu *Derivaten* - z.B. Ur-typ, Haupt-typ; auch Typ-us und Typ-e sind im strengen Sinne bereits Derivate,
b) durch Verbindung mit anderen Grundmorphemen zu zwei- oder mehrgliedrigen *Komposita* - z.B. Typ-en-vergleich, Boden-typ-en-lehre, Gemeinde-typ.

Grundmorpheme können unmittelbar Wortgestalt annehmen, Wortbildungsmorpheme nicht. Alle auf dem Wege der Ableitung (Derivation) oder der Komposita entstandenen neuen Wörter werden im Sinne von STEPANOWA u. FLEISCHER (1985) als *Wortbildungskonstruktionen* (WBK) zusammengefaßt.

Eine pauschal-schematische Übertragung dieser sprachwissenschaftlichen Einteilung auf das -typ-Wortgut führt allerdings zu einigen Schwierigkeiten der Zuordnung, z.T. zum Auseinanderreißen organisch verbundener Wortbildungen. Deshalb wurde für die vorliegende Untersuchung eine Modifikation vorgenommen, die auf einer ***Hauptgliederung nach drei Abteilungen*** beruht:

Abt. I: Zentralwort "Typ(us)" als Simplex

Abt. II: Substantivische Wortbildungskonstruktionen mit dem Zentralwort "Typ(us)"

Abt. III: Sonstige -typ-Wortbildungskonstruktionen

Die Abt.I erfaßt sämtliche Simplizia "Typ" einschließlich der Formen "Typus" und "Type". Die Abt.II umschließt allein Substantiva, die in Verbindung mit dem Simplex "Typ(us)" durch Derivation oder Komposition gebildet worden sind. Die Abt.III endlich enthält alle übrigen -typ-Wortbildungskonstruktionen.
Diese Dreigliederung erlaubt zweckmäßige inhaltliche Zuordnungen und Schwerpunktbildungen, aber gegebenenfalls auch eine weitere Unterteilung nach sprachwissenschaftlichen Gesichtspunkten.
Zur Wortwahl in der vorliegenden Studie ist anzumerken, daß von -typ-Wortgut, -typ-Wortfamilie usw. immer dann gesprochen wird, wenn umfassend auf das Basismorphem -typ- Bezug zu nehmen ist (Abt.I bis III), und z.B. von Typ-Wortgut, wenn es ausschließlich um das Zentralwort in den Abt.I und II geht.

4.2.2. Allgemeine Entwicklungstendenzen

In den bisherigen Ausführungen wurde davon ausgegangen, daß sich die neuere Geographie - in Übereinstimmung mit dem allgemeinen Wissenschaftstrend - zunehmend intensiver der Erarbeitung von Typen und Typologien zugewendet hat.

Wie stark ausgeprägt war dieser Prozeß, welche Merkmale der Kontinuität oder Diskontinuität, welche Spezifika der sprachlichen Erscheinungsformen wies er in seinem Verlauf auf?

Eine pauschale Durchsicht der nationalen und internationalen geographischen Literatur der vergangenen 100 bis 150 Jahre führt zu folgenden grundsätzlichen Erkenntnissen:

a) Vor allem seit den 60er Jahren des 19. Jahrhunderts hat es eine ständige, kontinuierliche Ausweitung des typenbezogenen Arbeitens in der Geographie gegeben.
b) Dieser Prozeß ist mit beträchtlicher Wortbildungsaktivität verbunden gewesen.
c) Im Zuge dieses Prozesses haben bedeutende strukturelle Veränderungen im -typ-Wortgebrauch stattgefunden.

Eine erste Übersicht über das PGM-Wortgutmaterial quantifiziert und vertieft diese Allgemeinerkenntnisse (Tab.3, S.72).

Erstens: Vom Belegumfang her wird nochmals das Gewicht des Typproblems in der Geographie deutlich. Ermittelt wurde für den Zeitraum von 1855 bis 1987 eine ***Gesamtanzahl von 23 518 Verwendungen der -typ-Wortfamilie***. Im Durchschnitt entfielen auf 100 Zeitschriftenseiten 44 -typ-Belege.

Zweitens: Das Moment ***stetigen, ununterbrochenen Wachstums der -typ-Verwendungen über den gesamten Zeitraum*** drückt sich prägnant in folgenden Indexzahlen (Anzahl der -typ-Belege je 100 PGM-Seiten) aus:

1850 - 1859	1	1950 - 1959	71
1860 - 1869	2	1960 - 1969	110
1870 - 1879	4	1970 - 1979	136
1880 - 1889	10	1980 - 1987	167
1890 - 1899	26		
1900 - 1909	31		
1910 - 1919	34		
1920 - 1929	44		
1930 - 1939	45		
1940 - 1949	61		

Durchschnitt 1855 - 1987 = 44

Neben den 80er und 90er Jahren des 19. Jahrhunderts heben sich die 60er, 70er und 80er Jahre unseres Jahrhunderts als besondere Zuwachsschwerpunkte heraus. *Drittens*: ***Im langzeitlichen Trend nimmt der Simplexgebrauch von "Typ(us)" anteilsmäßig ständig ab, in gleichem Maße gewinnen Wortbildungskonstruktionen an Gewicht***. Von den 23 518 ermittelten -typ-Verwendungen entfielen auf

die Abt. I 33,3 %,
die Abt. II 41,1 %,
die Abt. III 25,6 %.

Rd. 3/4 der Fälle (= Abt.I und II) beziehen sich also unmittelbar auf das Zentral- bzw. Kernwort "Typ(us)".
Entfielen im 19. Jahrhundert auf die Typ-Simplizia noch Anteile zwischen 50 und 60% am gesamten -typ-Wortgut, so sind es gegenwärtig (80er Jahre) lediglich 23,3%. Demgegenüber haben die substantivischen Typ-Wortbildungskonstruktionen ihre Prozentpunkte von rd. 20 bis 35 im 19. Jahrhundert auf 52,5 in den 80er Jahren erhöht. Die sonstigen Wortbildungskonstruktionen der Abt. III hielten ihre Anteile bei 20 bis 30% mit insgesamt leichter Steigerungstendenz.

Wie sind diese PGM-Daten im Hinblick auf den ***internationalen Trend in der Geographie*** zu werten?

Im Gesamtbestand der in PGM ermittelten Belege sind 815 fremdsprachliche enthalten (3,5%). Sie alle stammen aus Originalquellen; Resümees, mehrsprachige Kartentitel und ähnliche Übersetzungsleistungen blieben unberücksichtigt.
Es ist bemerkenswert, daß die fremdsprachlichen -typ-Belege aus dem PGM-Material nahezu im gleichen Verhältnis zunehmen wie die deutschsprachigen:

	Deutschsprachige - typ-Belege	Fremdsprachliche -typ-Belege
1900/49 : 1855/99	+ 288 %	+ 301 %
1950/87 : 1900/49	+ 69 %	+ 65 %

Diese Übereinstimmung deutet auf eine gute internationale Repräsentanz des bei den PGM-Belegen ermittelten Wachstumstrends hin.

Dennoch gibt es Unterschiede gegenüber dem Deutschen und Besonderheiten im fremdsprachlichen Bereich, die es zu berücksichtigen gilt.

Das betrifft zum Beispiel ***den in den meisten Sprachen stärker ausgeprägten Gebrauch von "Typ(us)" als Simplex***. War er an der Gesamtheit der deutschsprachigen Belege mit rd. 1/3 beteiligt, so erreichte er bei den fremdsprachlichen Verwendungen lt. Tab. 3 (S.72) den hohen Anteil von rd. 2/3.

Ohne das PGM-Belegmaterial überfordern zu wollen, lassen sich für die unverbundene geographische Verwendung des Zentralwortes "Typ(us)" (Abt.I) überschläglich folgende Anteilsspannen ableiten (Anteil an den -typ-Belegen der jeweiligen Sprache):

Latein	über 95 %
Französisch	90 - 95 %
Span./Italien./Port. (zus.)	90 - 95 %
Englisch	60 - 80 %
Poln./Tschech./Bulg.(zus.)	60 - 80 %
Russisch	50 - 70 %
Finn./Ungar. (zus.)	50 - 70 %
Schwed./Dän./Norweg.(zus.)	30 - 50 %
Deutsch	20 - 40 %
(im Mittel 1855 - 1987: 32,1%)	

Es sind zwei Pole zu erkennen:

Die Gruppe der romanischen Sprachen bevorzugt deutlich den unverbundenen Gebrauch der Simplexgrundform und erreicht nähere inhaltliche Determinationen des Typbegriffs hauptsächlich über seine Einbindung in entsprechende Wortgruppen. (Das Lateinische fällt insofern aus dem Vergleichsrahmen, als die zugrundegelegten Belege zumeist Zitate aus alter Zeit darstellen).

Den anderen Pol stellen das Deutsche und die skandinavischen Sprachen dar; hier werden die inhaltlichen Determinationen des Typbegriffs wesentlich über Wortbildungsprozesse umgesetzt, unter denen die Wortkomposition die entscheidende Rolle spielt.

Tabelle 3: Überblick über Umfang, Entwicklung und formale Struktur des -typ-Wortgutes aus der Zeitschrift "Petermanns Geographische Mitteilungen" (Basis: PGM-Belegauswertung 1855 - 1987)

Jahre	Abt. I Zentralwort "Typ" als Simplex	Abt. II Substantivische Wortbildungskonstruktionen mit dem Zentralwort "Typ"	Abt. III Sonstige -typ-Wortbildungskonstruktionen +)	Abt. I-III insgesamt
a) Anzahl der -typ-Belege insgesamt				
1855-1859	9	1	5	15
1860-1869	62	37	1	109
1870-1879	106	61	33	200
1880-1889	261	120	88	469
1890-1899	693	277	291	1 261
1855-1899	**1 131 = 55,1 %**	**496 = 24,1 %**	**427 = 20,8 %**	**2 054 = 100,0 %**
1900-1909	678	416	550	1 644
1910-1919	881	557	371	1 809
1920-1929	542	508	316	1 366
1930-1939	566	703	381	1 650
1940-1949	469	738	309	1 516
1900-1949	**3 136 = 39,3 %**	**2 922 = 36,6 %**	**1 927 = 24,1 %**	**7 985 = 100,0 %**
1950-1959	712	855	643	2 210
1960-1969	1 085	1 409	1 040	3 534
1970-1979	948	2 120	1 119	4 187
1980-1987	825	1 861	862	3 548
1950-1987	**3 570 = 26,5 %**	**6 245 = 46,3 %**	**3 664 = 27,2 %**	**13 479 = 100,0 %**
1855-1987	**7 837 = 33,3 %**	**9 663 = 41,1 %**	**6 018 = 25,6 %**	**23 518 = 100,0%**
b) (darunter:) Anzahl der fremdsprachlichen -typ-Belege				
1855-1899	30 = 42,9 %	4 = 5,7 %	36 = 51,4 %	70 = 100,0 %
1900-1949	202 = 71,9 %	28 = 10,0 %	51 = 18,1 %	281 = 100,0 %
1950-1987	310 = 66,8 %	43 = 9,3 %	111 = 23,9 %	464 = 100,0 %
1855-1987	**542 = 66,5 %**	**75 = 9,2 %**	**198 = 24,3 %**	**815 = 100,0 %**

+) Zahlenangaben beruhen zum Teil auf Schätzungen und Berechnungen

Eine vermittelnde Stellung nehmen das Englische und das Russische ein. Aus dem englischsprachigen Belegmaterial der PGM ist ersichtlich, daß der unverbundene Gebrauch des Zentralwortes "type" zwar dominiert, daß aber Bindestrich-Komposita (z.B. flood-type, farming-type regions) bedeutende, sich in der Tendenz offenbar vergrößernde Anteile besitzen. Auch in der russischen geographischen Fachsprache überwiegt zwar der unverbundene Gebrauch von "tip"; es gibt offensichtlich jedoch einen starken Trend zu Derivation und Komposition mit großer Ähnlichkeit zu den -typ-Wortbildungsmodellen im Deutschen.
Über lange Zeiträume gesehen nimmt der Simplex-Gebrauch von "Typ(us)" wohl in allen Sprachen anteilsmäßig mehr oder minder rasch ab; ***Wortbildungsprozesse treten überall stärker in den Vordergrund.*** Die polyglotte Produktivität des Grundmorphems -typ- entfaltet sich in großer Breite.
Aber auch hier gibt es Unterschiede. Während im Deutschen gegenwärtig (80er Jahre) - wie bereits festgestellt - schon mehr als die Hälfte des gesamten -typ-Wortgutes auf substantivische Wortbildungskonstruktionen mit dem Zentralwort "Typ(us)" (= Abt.II) entfällt, spielt das in vielen anderen Sprachen offensichtlich nur eine untergeordnete Rolle (vgl. Tab.3, S.72). Im Deutschen liegt das Schwergewicht der -typ-Wortbildungsprozesse eindeutig und stark zunehmend im Bereich der Wortkomposition, in den meisten anderen Sprachen spielt die Wortkomposition eine relativ geringe Rolle. Wortbildungsprozesse konzentrieren sich dort höchstens auf den derivativen Bereich.
Zu der sehr inhomogenen, aber durch internationale Ausdrücke (Internationalismen) immer mehr gestärkten Gruppe "Sonstige -typ-Wortbildungskonstruktionen" (Abt.III) ist schließlich anzumerken, daß sich hier die Sprachenunterschiede zunehmend aufheben.

4.2.3. Verwendung des Zentralwortes "Typ(us)" als Simplex (Abt. I)

Historisch betrachtet, stützten sich fast alle Sprachen und deren geographische Literatur durchgängig auf ein einheitliches Kernwort, nämlich "type" (engl., franz.) bzw. "tipo" (italien., span.) bzw. "tip" (russ.) usw. Im Deutschen kam es demgegenüber zur Ausbildung von drei Varianten (Typus, Type, Typ). War im 19. Jahrhundert die Variante "Typus" beherrschend, so ist es gegenwärtig die Variante "Typ". Dieser Umstellungsprozeß, der sich in sprachgeschichtlich erstaunlich kurzer Zeit und praktisch unbemerkt vollzogen hat, konnte mit Hilfe des PGM-Materials auf der Grundlage von rd. 8 000 dafür relevanten Belegen quantifiziert und zeitlich fixiert werden (Tab.4, S.75). Das erste Wort auf -typ erschien in PGM im Jahre 1890, das erste Simplex "Typ" 1897. Um die Jahrhundertwende setzte die breite Ablösung von -typ-us durch -typ- ein. Mitte der 30iger Jahre überwog letzteres bereits. In den 70er Jahren waren die "-typ-us-" Bildungen auf 4 bis 5 % zurückgedrängt - ein Anteil, der sich vorerst stabil halten dürfte, da er durch einige gegenwärtig vor allem in der Physischen Geographie gebrauchte "Archaismen" (Typuslokalität, Typusprofil u.ä.) gestützt wird.

Dieser Umstellungsprozeß von dem Latinismus -typ-us auf das leichter komponierbare bzw. derivierbare und mehr der Lautung der anderen Nationalsprachen entsprechende -typ- war mit Zügen von Spontanität und teilweise auch von Subjektivität behaftet. So lassen sich bis in die unmittelbare Gegenwart einige Dutzend Autoren und Beiträge mit Parallelgebrauch beider Bildungen nennen. Zum anderen tauchten seit dem Jahre 1900 und vereinzelt noch bis in die 70er Jahre in den PGM Belege auf, mit denen die Bildung -typ-e für -typ-us- eingebürgert werden sollte,

z.B. eine Völkertype,
eine Strukturtype des Granits,
der pikardische Bauernhof als Type,
das "dicknackige" Feuersteinbeil als Type,
die Type eines Schrittzählers, eines Globus,
eine Rastertype,
eine Moortype,
die Grundtype einer Almhütte usw.

Es kann hier nicht entschieden werden, ob es sich dabei um Verschleppungen aus der Druckereisprache oder um Austriazismen oder um beides handelt (im österreichischen Sprachgebrauch steht "Type" u.a. auch allgemein für Bauart und Form, vgl.: Der Große Duden 1970 u. 1987; Fremdwörterbuch 1965). Jedenfalls setzte sich diese Bildung in der modernen geographischen Fachsprache wie auch in der Allgemeinsprache nicht durch.

Obwohl es sich bei "Typ-us" und "Typ-e" - wie bereits erwähnt - um Derivate (Suffix-Derivate) handelt, erscheint es angesichts der sprachlich-funktionellen Gleichrangigkeit mit "Typ" gerechtfertigt, alle drei Varianten in der Abt.I zusammenzufassen.

Tabelle 4: Entwicklung der Proportionen zwischen den Zentralwortvarianten "Typus", "Type" und "Typ" (Basis: PGM-Belegauswertung 1855 - 1987)

Jahre	Auswertbare Belege +) insgesamt		Anteil (%) der Wortvariante		
	absolut	%	Typus	Type	Typ
1855-1859	5	100,0	100,0	-	-
1860-1869	50	100,0	100,0	-	-
1870-1879	116	100,0	100,0	-	-
1880-1889	247	100,0	99,6	-	0,4
1890-1899	544	100,0	98,7	-	1,3
1900-1909	627	100,0	95,1	0,5	4,4
1910-1919	771	100,0	78,7	1,3	20,0
1920-1929	457	100,0	65,4	-	34,6
1930-1939	499	100,0	51,5	1,2	47,3
1949-1949	520	100,0	20,8	2,1	77,1
1950-1959	710	100,0	25,1	0,1	74,8
1960-1969	1 057	100,0	16,3	0,1	83,6
1970-1979	1 138	100,0	4,6	0,1	95,3
1980-1987	1 210	100,0	4,5	0,1	95,4
1855-1987 insgesamt	**7 951**	**100,0**	**41,2**	**0,4**	**58,4**

+) Auswertbar waren hier nur Belege mit Singularformen.

4.2.4. Verwendung substantivischer Wortbildungskonstruktionen mit dem Zentralwort "Typ(us)" (Abt. II)

In Wortbildungskonstruktionen sind die beiden grundlegenden Funktionen der Wortbildung realisiert:
Nomination (= sprachliche Benennung) und syntaktische Komprimierung.
Mit den WBK werden also lexikalische und grammatische Mittel eingespart; sie sind kürzer als die Wortgruppe und als Satzglieder im allgemeinen gut zu handhaben (Wortschatz... 1987, S.301-302).
Die Abteilung II besteht aus Derivaten und Komposita. Sämtliche hier auftretenden *Derivate* sind durch Präfigierung des Zentralwortes "Typ(us)" entstanden (Musterwort: Haupt-typ). Präfixe modifizieren die Bedeutung eines Simplex, wirken gruppenbildend und haben sich ursprünglich aus selbständigen Kompositionsgliedern heraus entwickelt (Lexikon sprachwiss. Termini, 1985, S.184). Vom Anteil am Wortgut der Abt.II her kommt den Derivaten nur relativ geringe Bedeutung zu (Tab. 5, S.77).
Die ersten Anfänge der -typ-Derivation gehen bereits in frühwissenschaftliche Zeit zurück (Archetypus, Ektypus, Prototypus, Urtypus). Diese "Uraltderivate" spielen im modernen fachsprachlichen Gebrauch der Geographie nur noch eine bescheidene Rolle. PGM weisen Belege in folgender zeitlicher Verteilung aus:

Jahre	Prototyp(us)	Archetyp(us)	Urtyp(us)
1855 - 1899	9	-	1
1900 - 1949	19	3	12
1950 - 1987	20	2	-
Insgesamt	**48**	**5**	**13**

Weitaus größere Bedeutung kommt den beiden Derivaten Haupttyp und Grundtyp zu. Sie waren - wie bei der Zeitschrift für (vergleichende) Erdkunde gezeigt werden konnte - bereits vor 1850 in der geographischen Literatur gebräuchlich und treten heute nach wie vor häufig auf:

Jahre	Haupttyp(us)	Grundtyp(us)
1855 - 1899	23	21
1900 - 1949	120	27
1950 - 1987	101	128
Insgesamt	**244**	**176**

Tabelle 5: Entwicklung der Struktur der substantivischen Wortbildungskonstruktionen mit dem Zentralwort "Typ"
- Abt.II-
(Basis: PGM-Belegauswertung 1855 - 1987)

Jahre	Substantivische WBK mit dem Zentralwort "Typ" insgesamt		davon: Derivate		Komposita	
1855 - 1859	1		-		1	
1860 - 1869	37		7		30	
1870 - 1879	61		1		60	
1880 - 1889	120		10		109	
1890 - 1899	277		44		233	
1855 - 1899	**496**	**= 100,0%**	**62**	**= 12,5%**	**433**	**= 87,5%**
1900 - 1909	416		41		375	
1910 - 1919	557		76		484	
1920 - 1929	508		43		457	
1930 - 1939	703		52		639	
1940 - 1949	738		57		705	
1900 - 1949	**2 922**	**= 100,0%**	**269**	**= 9,2%**	**2 660**	**= 90,8%**
1950 - 1959	855		60		792	
1960 - 1969	1 409		129		1 298	
1970 - 1979	2 120		218		1 934	
1980 - 1987	1 861		138		1 678	
1950 - 1987	**6 245**	**= 100,0%**	**545**	**= 8,7%**	**5 702**	**= 91,3%**
1855 - 1987	**9 663**	**= 100,0%**	**876**	**= 9,1%**	**8 795**	**= 90,9%**

Verbreitet sind auch die Derivate Leit-, Begleit-, Misch-, Mittel-, Sonder-, Einzeltyp. Als Internationalismen begegnen Sub-, Geno-, Phäno-, Mono-, Morphotyp sowie seit etwa 20 bis 30 Jahren mit stärkerer disziplinspezifischer Note Öko-, Physio-, Strato-, Pedo-, Hydro-, Geotyp und Zusammensetzungen wie Pedohydrotyp, Agrophysiotyp, Ökosubtyp. Derartige Derivate besitzen den Vorteil der Prägnanz und leichten Vermittelbarkeit auch in andere Sprachen. Außerdem wird hier der Vorzug sprachlicher Verkürzung genutzt (Morphotyp statt morphologischer Typ, Stratotyp statt stratigraphischer Typ usw.).

Das Schwergewicht der das Zentralwort "Typ(us)" betreffenden Wortbildungsprozesse liegt im Deutschen bei der Schaffung von *Komposita*; über 90 % des PGM-Wortgutes der Abt.II entfallen auf sie (Tab. 5, S.77). Komposita sind normalerweise aus okkasionellen (= gelegentlichen) Zusammenrückungen entstanden (SCHIPPAN 1987, S.116). Unterschiedlich ist die Distribution, d.h. die Stellung des Grundmorphems -typ- innerhalb des Kompositums, als Erst-, Mittel- oder Schlußkonstituente.

Bei den Komposita sind die Konstituenten teils unmittelbar verschmolzen, teils durch Bindestriche verknüpft. "***Bindestrich-Komposita***" können oft als Vorläufer von "***Verschmelzungskomposita***" angesehen werden (z.B. Vegetations-Typus, später Vegetationstyp). Dafür spricht auch, daß sie im 19. Jahrhundert eine relativ größere Rolle spielten, dann an Bedeutung verloren. Erst in den letzten 30 Jahren wird der Bindestrich wieder häufiger verwendet, vor allem zur optischen Aufgliederung von Konstituentenzusammenballungen.

Gelegentlich führt die Tendenz der Satzverkürzung bei den Komposita zu vielgliedrigen Begriffsleitern. Die PGM-Belegstatistik läßt überhaupt einen zunehmenden Trend zur *Vielgliedrigkeit* erkennen (Tab. 6, S.80). Im Jahrgang 1885 erscheinen die ersten Trikomposita (Flachküstentypus, Steilküstentypus), 1901 begegnet das erste viergliedrige Kompositum (Inlandeistypus), 1937 der Ausdruck Bodentypen-Standortsformen-Karte. Ein Aufsatz im Jahre 1975 enthält Typ-Komposita mit bis zu neun Gliedern (z.B. Stufenhang-Plateausporn-Kerb-/Sohlenkerbtal-Typ). Es entstanden damit auch sprachlich schwer zu handhabende Wort-Ungetüme, wie beispielsweise

Äquiplanationsterrassen-Typus (1956),
Landschaftspflegeelementtyp (1975),
Bestockungszieltypengruppe (1980).

Auch im allgemeinen Sprachgebrauch nimmt die Anzahl der mehrgliedrigen Komposita zu; fünf- und sechsgliedrige Komposita (z.B. Mittelstrecken-Hallenweltbestzeiten) sind aber bereits Ausnahmen und bleiben meistens Gelegenheitsbildungen (Wortschatz ..., 1987, S.302).
Im Unterschied zu den allgemeiner determinierenden Derivaten geben die -typ-Komposita in der Regel detaillierter über die vielgestaltige inhaltliche bzw. disziplinäre Spezifik der Typenbildung Auskunft; sie sind zugleich der beweglichste Teil des -typ-Wortgutes. Vor allem bei den Komposita entfaltet sich die unerschöpfliche Produktivität deutsch-fachsprachlicher -typ-Wortbildungen. Ihnen wird auch bei der begrifflich-inhaltlichen Auswertung des PGM-Wortgutes besondere Aufmerksamkeit zugewendet werden.

4.2.5. Verwendung sonstiger -typ-Wortbildungskonstruktionen (Abt. III)

In der Abteilung III sind alle jene -typ-Wortbildungskonstruktionen zusammengefaßt, die nicht den Kriterien der Abt. II - Substantive mit dem Zentralwort "Typ(us)" - entsprechen. Sie bieten demzufolge eine bunte Palette von Wortbildungsmodellen und Wortarten. Mit rd. 5 000 Belegen ist auch die Abt. III im PGM-Wortmaterial stattlich vertreten.
Es fehlt hier der Raum für eine ausführliche Analyse. Deshalb soll in Verbindung mit Tab. 7 (S.81) nur kurz auf die sieben zu unterscheidenden Unterabteilungen eingegangen werden.

Tabelle 6: Entwicklung der Vielgliedrigkeit bei den substantivischen Komposita mit dem Zentralwort "Typ" (Basis: PGM-Belegauswertung 1855 - 1987)

Jahre	Substantivische Komposita mit dem Zentralwort "Typ"	davon: Komposita mit folgender Anzahl von Konstituenten:				
	insgesamt	zwei	drei	vier	fünf	sechs bis neun
1855-1859	1	1	-	-	-	-
1860-1869	30	30	-	-	-	-
1870-1879	60	60	-	-	-	-
1880-1889	109	104	5	-	-	-
1890-1899	233	226	7	-	-	-
1855-1899	**433 = 100,0**	**421 = 97,2**	**12 = 2,8 %**	-	-	-
1900-1909	375	334	38	3	-	-
1910-1919	484	413	69	2	-	-
1920-1929	457	398	50	9	-	-
1930-1939	639	542	91	5	1	-
1940-1949	705	532	162	9	2	-
1900-1949	**2 660 = 100,0**	**2 219 = 83,4**	**410 = 15,4**	**28 = 1,1 %**	**3 = 0,1 %**	-
1950-1959	792	597	176	17	1	1
1960-1969	1 298	1 034	231	32	1	-
1970-1979	1 934	1 245	506	117	30	36
1980-1987	1 678	808	524	292	39	15
1950-1987	**5 702 = 100,0**	**3 684 = 64,6**	**1 437 = 25,2**	**458 = 8,0 %**	**71 = 1,2 %**	**52 = 0,9 %**
1855-1987	**8 795 = 100,0**	**6 324 = 71,9**	**1 859 = 21,1**	**486 = 5,5 %**	**74 = 0.8 %**	**52 = 0,6 %**

Tabelle 7: Entwicklung des Wortgutes der Abteilung III (Sonstige Wortbildungskonstruktionen) (Basis: PGM-Belegauswertung 1855 - 1987)

Jahre	Wortbildungskonstruktionen der Abt. III insges. +)	dar.: Komposita	Unterabteilungen III/1 typhaft/ typbildend	III/2 typisch+)	III/3 Typisierung	III/4 A)Typologie	B)Sonst. "Typo-"-Bildungen	III/5 Autotypie/ Phototypie	III/6 alpinotyp	III/7 Weitere -typ-WBK
1855-1859	5	-	-	5	-	-	-	-	-	-
1860-1869	10	-	-	10	-	-	-	-	-	-
1870-1879	33	5	-	26	-	-	3	3	1	-
1880-1889	88	5	-	76	-	-	3	3	4	-
1890-1899	291	45	-	209	-	-	25	56	1	-
1855-1899	**427**	**55**	-	**326**	-	-	**31**	**64**	**6**	-
1900-1909	550	68	1	410	-	1	37	97	3	1
1910-1919	371	-	-	353	-	16	-	-	2	-
1920-1929	316	4	-	283	5	17	6	2	1	2
1930-1939	381	8	3	331	12	21	2	3	9	-
1940-1949	309	24	9	176	17	47	53	-	6	1
1900-1949	**1 927**	**104**	**13**	**1 553**	**34**	**102**	**98**	**102**	**21**	**4**
1950-1959	643	17	9	523	46	43	9	4	6	3
1960-1969	1 040	47	5	638	148	218	20	2	8	1
1970-1979	1 119	128	16	595	283	190	20	-	12	3
1980-1987	862	125	32	433	275	94	18	-	8	2
1950-1987	**3 664**	**317**	**62**	**2 189**	**752**	**545**	**67**	**6**	**34**	**9**
1855-1987	**6 018**	**476**	**75**	**4 068**	**786**	**647**	**196**	**172**	**61**	**13**

+) Zahlenangaben beruhen zum Teil auf Schätzungen und Berechnungen

Unterabt. III/1: ***Nichtsubstantivische Wortbildungskonstruktionen mit dem Zentralwort "Typ(us)"***

Von der Anzahl der Belege her gesehen (75), ist diese Gruppierung klein. Sie tritt im PGM-Wortgut erst seit den 40er Jahren deutlicher in Erscheinung. Im Kern geht sie auf das bei einem bestimmten Niveau der typologischen Arbeitsweise entstehende Bedürfnis zurück, für das Zentralwort "Typ(us)" auch einen adjektivischen Gebrauch zu ermöglichen, den etwa das Wort "typisch" nicht leisten kann. So entstanden z.B.

als Derivate: typen-/typenhaft, typenmäßig, typenweise;

als Komposita: typen-/typus-/typbildend, typenverschieden, typengleich, typenbestimmend, typenspezifisch, typprägend, typgebunden, typenbezogen, typangepaßt, typendiagnostisch.

Neuerdings beginnen hier auch fachspezifische Kompositionen (oder Derivationen) Fuß zu fassen,

z.B. bodentypmäßig (1961 erstmals in PGM), arealtypengemäß u. arealtypengerecht (1971), verknüpfungstypprägend (1979).

Unterabt. III/2: ***Wortbildungskonstruktionen in Verbindung mit dem Adjektiv "typisch"***

Die Belege dieser Unterabteilung gruppieren sich um "typisch"; es handelt sich hier um das nach dem Zentralwort "Typ(us)" am zweithäufigsten gebrauchte Glied der Wortfamilie.

Im Rahmen der PGM-Analyse hatte es für "typisch" keine Totalerfassung gegeben. Ausgezählt wurden 1 841 Belege, die durch Schätzungen und Hochrechnungen in folgender Weise eine Ergänzung erfuhren:

	Auszählung		Schätzung/ Berechnung		Verwendungen insgesamt
1855 - 1899	258	+	42	=	300
1900 - 1949	718	+	782	=	1 500
1950 - 1987	865	+	1 135	=	2 000
1855 - 1987	**1 841**	**+**	**1 959**	**=**	**3 800**

Die Derivate und Komposita von "typisch" hingegen liegen vollständig erhoben vor. Das Adjektiv "typisch" ist zwar wortgeschichtlich erst nach dem Zentralwort "Typ(-us)" in allgemeinen Gebrauch gekommen, es gehört dennoch zu den ältesten Vertretern der -typ-Wortfamilie und zum festen Wörterbuchbestand der verschiedenen Sprachen.

"Typisch" hat sich sehr lange den Wortbildungsprozessen widersetzt; lediglich "das Typische", "atypisch" bzw. "untypisch" sowie "monotypisch" sind als Ableitungen schon mindestens seit der Mitte des 19. Jahrhunderts in Gebrauch. Erst seit 30 bis 40 Jahren kam es - dann allerdings sehr rasch - zu vor allem kompositionellen Erweiterungen und damit zur wissenschaftssprachlichen Spezifizierung dieses Wortes. In PGM treten z.B. auf:

> waldtypisch (1959), enkyprotypisch (1960), gemeinde- und gebietstypisch (1965), sedimenttypisch (1966), landschaftstypisch (1968), standorttypisch (1969).

Neuerdings wird auch von

> gruppen-, struktur-, gefüge-, phasen-, zweig-, mosaik-, raum-, regional-, areal-, lokal-, teilgebietstypisch

gesprochen, dazu von

> georelief-, strato- (russ. stratotipičeskij), immissions-, maschinen-, erzeugnisgruppen-, zentren-, siedlungs-, ballungs-, agglomerations-, gesellschafts-, sozialismustypisch usw. usw.

Unterabt. III/3: ***Wortbildungskonstruktionen in Verbindung mit dem Substantiv "Typisierung"***

Diese Gruppierung faßt die Typenbildung als methodisch zu gestaltenden Prozeß, als Handlung. Sie ist jung. In den PGM erscheint als erster ihrer Vertreter "Typisierung" im Jahre 1927. Das ist zugleich das mit 510 Einzelbelegen weitaus am häufigsten verwendete Kernwort dieser Unterabteilung. Hinzu tritt das Verb "typisieren", an das sich ein Feld eng verbundener Wortbildungen angeschlossen hat, z.B.

> typisierend (in PGM seit 1931), typisiert (1948), nichttypisiert (1949), das Typisieren (1955), typisierbar (1980).

Fachspezifisch-kompositionelle Wortbildungsprozesse lassen sich im PGM-Material seit den 30er und 40er Jahren belegen, z.B.

Typisierungsversuche (1931), Grundrißtypisierung (1937), Klimatypisierung (1943) usw.

Unterabt. III/4: ***Wortbildungskonstruktionen mit der Konstituenten Typo-***

A. WBK in Verbindung mit dem Substantiv "Typologie"

An den 647 Belegen dieser wichtigen Gruppierung sind vor allem die Wörter "Typologie" (273; in PGM seit 1907) und "typologisch" (275; in PGM seit 1911) beteiligt. Versuche, diesen Grundbestand noch um "Typologisierung", "typologisierend", "typologisiert" zu erweitern (vgl. WINDELBAND 1973), haben wenig Resonanz gefunden - in den PGM traten bisher nur insgesamt 17 Verwendungsfälle, von 1964 an, auf. Die Wortgruppierung "Typologie/typologisch" dient als polyglottes sprachliches Mittel zur Kennzeichnung von Typensystemen, von Typenordnungen und zum gedanklich-typenmäßigen Durchdringen komplexer Objektstrukturen. PGM zeigen, daß es vereinzelt zu derivativen Erweiterungen kam (Paläektypologie 1922, biotypologisch 1944), daß vor allem aber in den 30er Jahren eine Welle fachspezifischer Kompositionen einsetzte:

landschaftstypologisch (seit 1932 in PGM), Wirtschaftstypologie (1933), Landschaftstypologie (1935),

dann Flurformen-, Regional-, Gebiets-, Gemeinde-, Funktional-, Siedlungs-, Agrar-, Moor-, Gletscher-, Standorttypologie;

ferner geo-, wald- (russ. lesotipologičeskij), boden-, betriebs-, industrietypologisch usw. usw.

B. Sonstige "Typo"-bildungen

Die hier zusammengefaßten Wörter sind fast alle Termini technici der Druckereisprache und der kartographisch-technischen Umsetzung; sie gruppieren sich um die Ausdrücke "Typographie", "typographisch" und "Typometrie". Die beiden hier ebenfalls zugeordneten Wörter "typomorph" (1962) und "typogen" (1967) treten als singuläre Übernahmen aus anderen Fachsprachen (Mineralogie, Biologie) auf.

Unterabt. III/5: ***Wortbildungskonstruktionen mit der Konstituenten -typie***

Hier handelt es sich ausschließlich um druckereisprachliche Wortbildungen, die namentlich im Zeitraum von 1890 bis 1910 in PGM relativ stark repräsentiert waren, dann aber - mit der Weiterentwicklung der Drucktechnik - an Bedeutung verloren. Zentrale Kategorien sind hier "Autotypie" und "Phototypie" (aus denen u.a. auch "autotypisch" und "phototypisch" als Wortbildungen entstanden sind).

Unterabt. III/6: ***Adjektivische Wortbildungskonstruktionen mit der Konstituenten -typ***

Die sich in diese Unterabteilung stellenden und einem speziellen Wortbildungsprinzip folgenden Adjektive treten nur als Zusammensetzungen, also mit besonderen bedeutungseinengenden Determinationen auf. -typ ist möglicherweise als Wortverkürzung von -typisch anzusehen. Zwei dieser Adjektive - "stereotyp" und "monotyp" - waren bereits im 19. Jahrhundert in verbreitetem Gebrauch. Andere schließen sich an die von H. STILLE im Jahre 1920 eingeführten geologisch-tektonischen Bezeichnungen "alpinotyp" und "germanotyp" (vgl. Geolog. Wörterbuch, 1972, S.7 u.79) an, z.B.
sino-, rheno-, saxo-, siegenotyp.

Unterabt. III/7: ***Weitere -typ-Wortbildungskonstruktionen***

Hier steuert das PGM-Belegmaterial nur einige wenige Einzelbeispiele bei - zumeist "Irrläufer" aus anderen Disziplinen mit z.T. eigenwilligen Wortbildungsschemata. Erwähnt seien nur:
Typik (6 Belege), Polytypismus (2), Varytypeverfahren (1), Elektrotypierung (1), stereotypiert (1).

4.2.6. Zusammenfassung

Die Betrachtung der drei Abteilungen der -typ-Wortfamilie hat ein Schlaglicht auf den Formenreichtum und auf die Vernetzung der Wortbildungen geworfen. Es steht ein sehr umfangreiches sprachliches Instrumentarium zur Verfügung, das trotz mancher Überschneidung, Gelegenheitsbildung und Synonymie übergeordnete theoretische Zusammenhänge wie auch die fachlichen Besonderheiten der geographisch-typologischen Arbeitsweise vielfältig kennzeichnet. Die hier dargestellten formalen Strukturen und Entwicklungstendenzen sind im Kern multidisziplinär angelegt. Das mag zu vergleichbaren Untersuchungen in anderem disziplinärem Rahmen anregen. Grundsätzlich zeigt sich eine klare ***Schichtung des -typ-Wortmaterials***.

Im Mittelpunkt - *als erste Schicht* - stand und steht das Zentralwort "Typ(us)" mit vier "Primärderivaten":
typisch, Typisierung, typologisch, Typologie.
Es sind dies sämtlich Wortbildungen, die vielsprachig - als Internationalismen - ausgewiesen sind und teilweise bereits methodische und Systembezüge der Typenbildung ausdrücken. Im PGM-Material entfallen auf diese fünf meistgebrauchten ***Basistermini der typologischen Arbeitsweise*** insgesamt 54,0 % des gesamten erfaßten Wortgutes, bei allerdings abnehmendem Anteil:

	Zentralwort Typ(us)	Primärderivate typisch	Typisierung	typologisch	Typologie
1855 - 1899	1 131	rd. 300	-	-	-
1900 - 1949	3 136	rd. 1 500	17	50	31
1950 - 1987	3 570	rd. 2 000	493	225	242
1855 - 1987	**7 837**	**rd. 3 800**	**510**	**275**	**273**

Anteil des Zentralwortes "Typ(us)" und der Primärderivate an den -typ-Belegen aus PGM insgesamt:

1855 - 1899	69,7 %
1900 - 1949	59,3 %
1950 - 1987	48,4 %
1855 - 1987	54,0 %

Eine *zweite Schicht* baut auf diesen fünf Basistermini auf, leitet sich unmittelbar aus ihnen durch Derivation und Komposition ab. Auf dieser Ebene wirken sich nationalsprachliche Besonderheiten aus (Bevorzugung der Derivation oder der Komposition oder weitgehender Verzicht auf beides), entwickeln sich aber auch in starker Dynamik fachsprachliche Spezifika. Diese Schicht von "Sekundärderivaten" und Komposita der fünf genannten Basistermini zeigt sich im PGM-Material folgendermaßen ausgewiesen:

	Sekundärderivate und Komposita von				
	Typ(us)	typisch	Typisierung	typologisch	Typologie
1855 - 1899	496	26	-	-	
1900 - 1949	2 935	53	17	21	
1950 - 1987	6 307	189	259	78	
1855 - 1987	**9 738**	**268**	**276**	**99**	

Anteil der Sekundärderivate und Komposita an den -typ-Belegen aus PGM insgesamt:

1855 - 1899 25,4 %
1900 - 1948 37,9 %
1950 - 1987 50,7 %

1855 - 1987 44,1 %

Den Hauptbezugspunkt der Sekundärderivation und Komposition bildet das Zentralwort "Typ(us)" selbst, die übrigen vier Grundtermini werden erst in jüngster Zeit stärker, aber in hohem Tempo von Wortbildungswellen erfaßt und spezifiziert. Im Zeitabschnitt von 1950 bis 1987 nimmt der Komplex der Sekundärderivate und Komposita bereits mehr als die Hälfte des -typ-Belegmaterials der PGM ein.

Die *dritte Schicht*, d.h. der nicht in die beiden vorigen Schichten eingehende Rest des PGM-Wortgutes ist unerheblich. Außerhalb der genannten fünf Basistermini und ihrer Erweiterungen fallen nur noch folgende Mengen an (mit den entsprechenden Prozentanteilen an den -typ-Belegen aus PGM insgesamt):

1855 - 1899 101 Belege = 4,9 %
1900 - 1949 225 Belege = 2,8 %
1950 - 1987 116 Belege = 0,9 %

1855 - 1987 442 Belege = 1,9 %

Die Entfaltung der -typ-Wortfamilie durch das breite Wirken von Wortbildungsprozessen geht einher mit den theoretischen und methodischen Fortschritten des Typisierens und dem daraus resultierenden terminologischen Bedarf.
In der Frühphase des geographisch-typologischen Arbeitens, also etwa zwischen 1850 (JUNGHUHN) und dem ausgehenden 19. Jahrhundert, reichte die Verwendung des Zentralwortes "Typus", des Adjektivs "typisch" und einzelner inhaltlich determinierter Typ-Komposita als fachsprachliche Grundlage im wesentlichen aus. Mit dem Übergang zu Typenhierarchien und -systemen in vielen Bereichen der Geographie, den Einflüssen verschiedener Typenlehren aus Nachbardisziplinen, der zunehmenden typenmäßigen Untersetzung geographisch-theoretischer Konzepte erweiterte sich zu Beginn des 20. Jahrhunderts zunächst der Kreis der Basistermini (nämlich um "Typologie", "typologisch", "Typisierung"). Seit den 20er und 30er Jahren wurden die neuen Basistermini selbst zu Kristallisationspunkten von Wortgruppen, von Derivat- und Komposita-Neubildungen. Die Anzahl der die Methode, die Strukturelemente und die Erkenntnisziele der Typenbildung reflektierenden Fachwörter wuchs rasch an. Tempo und Dynamik der -typ-Wortbildungsprozesse setzen sich in der Gegenwart unvermindert fort.

4.3. Inhaltlich-taxonomische Profilierung des typologischen Feldes in der Geographie

Aufbauend auf dem formalen Erscheinungsbild sind nun die geographisch-inhaltlichen Bezüge der Arbeit mit Typen näher zu prüfen.

4.3.1. Der Begriff des geographisch-typologischen Feldes

Die Profilierung und Spezialisierung der Wissenschaftsdisziplinen führt notwendig zur Herausbildung von *Fachwortschätzen*, die der präzisen wissenschaftlichen Erfassung der theoretischen Elemente und Prozesse wie auch der wissenschaftlichen beruflichen Kommunikation dienen (SCHIPPAN 1984, S.244 ff.). Nach SCHIPPAN (a.a.O.) gehen in einen solchen Fachwortschatz verschiedenartige Elemente ein:

streng definierte Termini, systematische Nomenklaturen, Quasi- oder Halbtermini als Fachwörter übergreifenden Charakters, "Arbeitsbegriffe", Fachjargonismen.

Neben Termini, die durch einen spezifischen Kontext, meist in Form einer Festsetzungsdefinition bestimmt werden, gibt es demzufolge gewisse als Quasi- oder Halbtermini zu qualifizierende Fachwörter, die "zur Kommunikation in der jeweiligen Fachsprache notwendig sind, ohne daß ihre Bedeutung durch Festsetzungsdefinitionen festgelegt wäre. Es sind meist Fachwörter, die sich aus den Handlungen, Verfahren, Verhaltensweisen in der wissenschaftlichen Arbeit herausbilden und durch ihre ko-/kontextual-situative Einbettung nicht mißverständlich gebraucht werden. Dennoch sind sie Bestandteile bestimmter (oft sehr vieler) Fachsprachen, wie z.B. 'systematisieren', 'kategorisieren'" (a.a.O., S.247). Aus der Sicht einer Fachsprache ist also zwischen *Termini im engeren Sinne* und *Termini im weiteren Sinne* zu unterscheiden.
Im engeren Sinne ist das Wort "Typ(us)" somit ein allgemeiner Terminus der Wissenschaftssprache. In den Fachwortschatz der Geographie geht es zunächst als ein Quasi- oder Halbterminus, d.h. als ein Terminus im weiteren Sinne, ein. Durch Einbindung in spezifisch geographische kontextuale Zusammenhänge, vor allem aber über Wortbildungsprozesse wirkt "Typ(us)" dann selbst terminologiebildend. Ein Teil der Fachwortschätze ist gemein- oder wissenschaftssprachliches Wortgut, das durch Definition terminologisiert worden ist (a.a.O., S.247).
Hieraus leitet sich die Aufgabe ab, den Kreis jener Objekte bzw. Begriffe zu erfassen, über denen in der Geographie Typen gebildet und methodologisch wirksam gemacht wurden.
Dieser Objekt- bzw. Begriffskreis soll im folgenden als *geographisch-typologisches Feld* bezeichnet werden.
Mit der Bezeichnung "Feld" wird hier allgemein an Elemente der linguistischen Wortfeldlehre angeknüpft, die darauf abzielt, Bedeutungsfelder abzustecken, innerhalb derer sprachliche Einheiten regelhafte inhaltliche Beziehungen zueinander eingehen (vgl. SCHIPPAN 1984, S.233 ff.). Im Unterschied zu den linguistischen Feldvorstellungen steht hier jedoch mit "Typ(us)" eine einzelne sprachliche Einheit im Zentrum der Betrachtung. Die nachstehende inhaltlich-taxonomische

Untersuchung des geographisch-typologischen Feldes geht von folgender Prämisse aus: Bezugsgrundlage ist sämtliches im geographischen Fachwortschatz (bzw. in der geographischen Fachliteratur) begegnendes -typ-Wortgut mit allen seinen inhaltlichen Verknüpfungen und methodologischen Funktionen. Vom Charakter des vorgefundenen Einzelfalles her ist es schwierig, oft unmöglich zu entscheiden, ob er sich eher in ein geographisch-typologisches Feld oder in ein solches der Biologie, Geologie, Ökonomie, Wissenschaftsmethodologie usw. stellt. In dieser Situation erlaubt es die ***Zuordnung der Belege nach dem Charakter der Quelle*** (geographischer Fachartikel, geographische Fachzeitschrift, geographisches Fachbuch), eine eindeutige *äußere Grenze* gegenüber den typologischen Feldern der Nachbarwissenschaften zu ziehen, auch wenn natürlich diese formale Vorab-Abgrenzung angesichts der interdisziplinären Verflechtungen der Fachwortschätze, der zunehmenden Umsetzung von Erkenntnissen der Philosophie, der Wissenschaftstheorie wie auch zahlreicher Querschnittswissenschaften nur als relativ anzusehen ist.
Durch Analyse der Struktur, Dynamik und disziplinären Rahmenbedingungen des auf diese Weise eingegrenzten geographisch-typologischen Feldes kann die *extensionale Seite des Typbegriffs*, d.h. der Bedeutungsumfang des Typbegriffs bei seiner Anwendung in der Geographie, unmittelbar einer überschläglichen empirischen Bewertung zugänglich gemacht werden.

4.3.2. Gegenstand, Ordnungsstufen und Gliederung der Geographie als inhaltlicher Rahmen für das geographisch-typologische Feld

Die allgemeinste Rahmenbedingung für die Herausbildung des geographisch-typologischen Feldes ist durch den ***Forschungsgegenstand der Geographie*** gegeben. Ohne hier die vielfältigen Varianten, historischen Stationen und Verzweigungen der Gegenstandsdiskussion aufgreifen zu können, sei mit SAUSCHKIN (1978, S.260) folgende Definition zugrundegelegt:

Die Geographie ist die Wissenschaft von den Entwicklungsgesetzen und den Strukturen räumlicher Systeme, die sich auf der Erdoberfläche im Prozeß der Wechselwirkung von Natur und Gesellschaft herausgebildet haben und mit kartographischen Modellen dargestellt werden, sowie von der Steuerung dieser Systeme mit dem Ziel einer optimalen räumlichen Organisation des Lebens der Gesellschaft und der Verbesserung der Umwelt.

An jedem Punkt der Erdoberfläche sind die Komponenten von Natur und Gesellschaft in bestimmter gesetzmäßiger Weise kombiniert bzw. ausgeprägt. Für die Herausbildung geographisch-taxonomischer Systeme impliziert das grundsätzlich ***drei unterschiedliche Ordnungsstufen*** (in Anlehnung an G. HAASE 1973, S.81-82):

- die sachbezogene Ordnung
- die raumbezogene Ordnung
- die zeitbezogene Ordnung

der Forschungsobjekte.

Im typologischen Feld der Geographie können sich demzufolge drei Hauptgruppen von Typenbildungen entfalten:

- Sach- bzw. Inhaltstypen
- Raumtypen (d.h. Gebiets-, Standort-, Regionaltypen usw.)
- zeitbezogene Typen (d.h. Genese-, Prozeß-, Entwicklungstypen usw.).

Hierbei ***fällt den Sach- bzw. Inhaltstypen die Primatsfunktion zu.*** Durch sie lassen sich die Untersuchungsobjekte in ihren Tiefenstrukturen analysieren, darstellen und theoretisch-verallgemeinernd aneignen; zunehmend gelangt entsprechendes typologisches Material aus Nachbardisziplinen in die Geographie.

Das Besondere des typologischen Feldes der Geographie besteht allerdings darin, daß der Aspekt der *räumlichen* Inventarisierung, Gliederung, Zuordnung, Vergleichbarkeit und Verknüpfung von Betrachtungsobjekten seinen Charakter bestimmt. ***Das Merkmal der Raumbezogenheit in ihren unterschiedlichen Formen prägt das Wesen g e o g r a p h i s c h e r Typologien.***

Hinzu tritt der *Zeitaspekt* als dritte typologische Hauptkomponente der Geographie. Dieser Bereich des geographisch-typologischen Feldes fällt vor allem der historischen Geographie zu, und zwar in ihrer Dualität - einmal als eine Methodengruppe, die von allen Zweigen der Geographie zur Darstellung und Erklärung räumlicher Veränderungen eingesetzt wird, und zum anderen als selbständige geographische Teildisziplin, die sich vor allem mit in die gesellschaftliche Vergangenheit rückführenden Untersuchungen beschäftigt (WEGNER 1970, S.20).

Der geographische Forschungsprozeß differenziert sich nach Maßstabsbereichen. NEEF (u.a. 1967) hat diese als ***geographische Dimensionen*** gekennzeichnet (der geographische Dimensionsbegriff korrespondiert freilich nicht mit dem etwa in der mathematischen Statistik für Merkmalsräume gebrauchten). In der geographischen Landschaftsforschung wird zwischen einer topischen, einer chorischen, einer regionischen und einer geosphärischen bzw. planetarischen Dimension unterschieden. Die Dimensionalität des geographischen Forschungsgegenstandes bedingt entsprechend unterschiedliche typologische Ansätze.

Eine Besonderheit der Geographie besteht in dem gleichermaßen starken ***Einfließen naturwissenschaftlicher wie humanwissenschaftlicher Erkenntnisse***.
Die *naturwissenschaftliche* Seite wird traditionell von der Physischen Geographie betreut. Die *gesellschaftsbezogene* Seite fand erst gegen Ende des 19. Jahrhunderts eine relativ selbständige Ausarbeitung. Sie wurde zuerst im Rahmen der frühen Anthropogeographie ("Geographie des Menschen", Human Geography, Géographie humaine u. ä.) und ihrer verschiedenen Spielarten aufgegriffen. Die Bezeichnung "Anthropogeographie" findet sich 1842 erstmals belegt und wurde 1882 von F. RATZEL eingebürgert (vgl. GLAUERT 1959, S.56). Erst in den 20er Jahren unseres Jahrhunderts beginnt sich im Fach Geographie - insbesondere mit Arbeiten RÜHLs und WAIBELs - ein umfassenderes, realistisches Verständnis gesellschaftlicher Zusammenhänge zu entwickeln. ALAEV (1983) und andere Geographen der Sowjetunion gebrauchen für den gesellschaftswissenschaftlich verankerten Zweig der Geographie den Ausdruck "***Sozialökonomische Geographie***" und beziehen damit solche Teildisziplinen, wie die Ethnographie, die Sozial-, die Siedlungs-, die Rekreationsgeographie, organisch mit ein. Für die Zwecke der vorliegenden Arbeit erscheint dieser Oberbegriff in seiner Intension und Extension gut gewählt, so daß er im folgenden Verwendung findet.
Im geographischen Forschungsprozeß begegnen sich also Elemente der Natur- und der Gesellschaftsgesetzlichkeit, deren Erforschung im Gesamtprozeß der Erkenntnisgewinnung zwei fundamental verschiedenen Wissenschaftsklassen zukommt. Vor allem am ***Problem des Zusammenführens beider Erkenntnisbereiche*** haben sich in der Vergangenheit ständig Auseinandersetzungen innerhalb des Faches entzündet. Um die Integration der geographischen Wissenschaften zu verbessern, können die sich allgemein verstärkenden Bemühungen, die Geographie als eine komplexe, ökolo-

gisch wie ökonomisch fundierte raumbezogene Umweltwissenschaft zu konstituieren, eine aussichtsreiche Perspektive bieten.

Die Zweigliederung der Geographie nach den beiden Seinsbereichen Natur und Gesellschaft bedingt zwei relativ verselbständigte terminologisch-taxonomische Systeme und zwei unterschiedlich angelegte, wenn auch sich gleichermaßen der typologischen Arbeitsweise bedienende Forschungsansätze. Dementsprechend sind die typologischen Bezugsobjekte und das von ihnen gebildete Feld strukturiert.

Es hat sich zudem ein besonderes disziplintypisches Verhältnis von Kontinuität und Diskontinuität in der Geschichte des geographischen Erkenntnisprozesses herausgebildet. In der Physischen Geographie haben sich langzeitliche Forschungslinien im allgemeinen stärker ausgeprägt. Die gesellschaftsbezogene geographische Arbeit ist - wie dargestellt wurde - jünger und hat ihre Züge unmittelbar durch die Umwälzungen unseres Jahrhunderts und die sich permanent vollziehenden sozialökonomischen Strukturveränderungen erhalten.

4.3.3. Struktur und allgemeine Entwicklungstendenzen des geographisch-typologischen Feldes

Mit Tab. 8 (S.94-96) wird eine ***Übersicht über die inhaltliche Struktur des typologischen Feldes der Geographie*** vermittelt, wie sie sich im Längsschnitt von 1855 bis 1987 auf der Grundlage des PGM-Belegmaterials darstellt.

Gegliedert und zugeordnet wurde einesteils nach dem *Allgemeinheitsgrad der Typenaussage* und andererseits nach *Sachbereichen* sowie innerhalb der beiden Hauptzweige der Geographie nach *Begriffskomplexen*.

Es zeigen sich folgende Ergebnisse.

Dominierend war und bleibt die naturwissenschaftliche Seite der Geographie; mehr als 2/3 der Belege entfallen auf physisch-geographische Typenbildungen.

Tabelle 8: Entwicklung der inhaltlichen Struktur des -typ-Wortgutes in der Geographie - Bezug: Abt. I u. II lt. Tab. 3, S.72, mit geringen Abweichungen in der Zuordnung der Belege - (Basis: PGM-Belegauswertung 1855-1987)

Bereich bzw. Begriffskomplex		Anzahl der Typ-Belege 1855 -1859	1860 -1869	1870 -1879	1880 -1889	1890 -1899	**1855 - 1899**	
I.	Typen allgemein	-	1	1	2	4	**8** =	0,5 %
II.	Geogr. Typen allg.	-	-	1	-	3	**4** =	0,2 %
III.	Typen in d. Phys. Geogr. (insges.)	10	93	131	321	739	**1 294** =	79,1 %
	1. Allg./komplex	1	-	12	10	19	**42** =	2,6 %
	2. Georelief	-	6	5	76	168	**255** =	15,6 %
	3. Boden	-	-	-	3	10	**13** =	0,8 %
	4. Wasser	-	-	3	14	78	**95** =	5,8 %
	5. Klima	-	5	1	27	123	**156** =	9,5 %
	6. Organismen	9	82	110	191	341	**733** =	44,8 %
IV.	Typen in d. Anthropogeogr./ Sozialökon. Geogr. (insges.)	-	4	24	56	188	**272** =	16,7 %
	1. Allg./komlex	-	-	-	-	-	-	
	2. Bevölkerung	-	1	18	25	110	**154** =	9,4 %
	3. Gesellschaft u. Staat	-	-	-	2	7	**9** =	0,6 %
	4. Wirtschaft	-	-	2	7	7	**16** =	1,0 %
	5. Siedlung	-	-	1	12	30	**43** =	2,6 %
	6. Kultur	-	3	3	10	34	**50** =	3,1 %
V.	Typen in d. Kartographie	-	1	5	1	39	**46** =	2,8 %
VI.	Sonstige Typen	-	-	5	3	4	**12** =	0,7 %
Summe		**10**	**99**	**167**	**383**	**977**	**1 636** =	**100,0 %**

(Fortsetzung S.95)

Fortsetzung Tabelle 8

Bereich bzw. Begriffskomplex		Anzahl der Typ-Belege 1900 -1909	1910 -1919	1920 -1929	1930 -1939	1940 -1949	1900 - 1949	
I.	Typen allgemein	3	2	6	15	2	**28** =	0,5 %
II.	Geogr. Typen allg.	7	5	5	12	1	**30** =	0,5 %
III.	Typen in d. Phys. Geogr. (insges.)	793	908	733	730	612	**3 776** =	62,0 %
	1. Allg./komplex	36	53	160	128	53	**430** =	7,1 %
	2. Georelief	405	256	86	130	74	**951** =	15,6 %
	3. Boden	1	36	37	66	103	**243** =	4,0 %
	4. Wasser	77	86	65	79	48	**355** =	5,8 %
	5. Klima	49	69	92	95	197	**502** =	8,3 %
	6. Organismen	225	408	293	232	137	**1 295** =	21,2 %
IV.	Typen in d. Anthropogeogr./ Sozialökon. Geogr. (insges.)	251	458	265	387	497	**1 858** =	30,5 %
	1. Allg./komlex	2	2	7	9	22	**42** =	0,7 %
	2. Bevölkerung	96	70	33	30	50	**279** =	4,6 %
	3. Gesellschaft u. Staat	6	20	16	25	20	**87** =	1,4 %
	4. Wirtschaft	24	42	39	102	200	**407** =	6,7 %
	5. Siedlung	53	112	98	149	181	**593** =	9,7 %
	6. Kultur	70	212	72	72	24	**450** =	7,4 %
V.	Typen in d. Kartographie	44	61	38	124	101	**368** =	6,1 %
VI.	Sonstige Typen	4	7	4	6	1	**22** =	0,4 %
Summe		**1 102**	**1 441**	**1 051**	**1 274**	**1 214**	**6 082** =	**100,0 %**

(Fortsetzung S.96)

Fortsetzung Tabelle 8

	Bereich bzw. Begriffskomplex	Anzahl der Typ-Belege 1950 -1959	1960 -1969	1970 -1979	1980 -1989	**1950 - 1987**		**1855 - 1987**	
I.	Typen allgemein	32	128	118	177	**455** =	4,6 %	**491** =	2,8 %
II.	Geogr. Typen allg.	28	28	57	33	**146** =	1,5 %	**180** =	1,0 %
III.	Typen in d. Phys. Geogr. (insges.)	977	1 470	2 109	1 899	**6 455** =	65,7 %	**11 525** =	65,7 %
	1. Allg./komplex	111	238	722	823	**1 894** =	19,3 %	**2 366** =	13,5 %
	2. Georelief	240	529	669	531	**1 969** =	20,0 %	**3 175** =	18,1 %
	3. Boden	107	294	434	150	**985** =	10,0 %	**1 241** =	7,1 %
	4. Wasser	67	141	97	160	**465** =	4,7 %	**915** =	5,2 %
	5. Klima	261	110	73	77	**521** =	5,3 %	**1 179** =	6,7 %
	6. Organismen	191	158	114	158	**621** =	6,4 %	**2 649** =	15,1 %
IV.	Typen in d. Anthropogeogr./ Sozialökon. Geogr. (insges.)	458	732	682	513	**2 385** =	24,3 %	**4 515** =	25,7 %
	1. Allg./komlex	11	22	89	61	**183** =	1,9 %	**225** =	1,3 %
	2. Bevölkerung	24	160	76	17	**277** =	2,8 %	**710** =	4,0 %
	3. Gesellschaft u. Staat	5	17	10	6	**38** =	0,4 %	**134** =	0,8 %
	4. Wirtschaft	112	263	139	160	**674** =	6,8 %	**1 097** =	6,2 %
	5. Siedlung	286	262	361	268	**1 177** =	12,0 %	**1 813** =	10,3 %
	6. Kultur	20	8	7	1	**36** =	0,4 %	**536** =	3,1 %
V.	Typen in d. Kartographie	66	137	96	59	**358** =	3,6 %	**772** =	4,4 %
VI.	Sonstige Typen	8	6	5	8	**27** =	0,3 %	**61** =	0,4 %
Summe		**1 569**	**2 501**	**3 067**	**2 689**	**9 826** =	**100,0 %**	**17 544** =	**100,0 %**

Der langzeitliche Trend zeigt für die Physische Geographie eine ständige starke Ausweitung ihrer typologischen Aktivität, unterbrochen lediglich durch eine Stagnationsphase in den 20er, 30er und 40er Jahren. Wesentlich schwächer ist der allgemeine Zuwachstrend in der Sozialökonomischen Geographie und der Kartographie ausgeprägt. Erkennbar ist auch, daß sich das zunehmende Interesse an prinzipiellen Fragen der geographischen Typenbildung in deutlichem Wachstum der beiden Gruppen "Typen (allgemein)" und "Geographische Typen (allgemein)" etwa seit Beginn der 50er Jahre niederschlägt.
Bemerkenswert sind die ***Verschiebungen innerhalb der beiden Hauptzweige der Geographie***.
Die *Physische Geographie* profitierte zunächst entscheidend von den in der Biologie und Anthropologie frühzeitig aufgebauten typologischen Systemen. In den 80er Jahren des 19. Jahrhunderts setzte dann in großem Umfang die geomorphologisch-typologische Forschung ein. Zu dieser Zeit war die "Morphologie der Erdoberfläche" - ursprünglich aus der Orographie und Orometrie entstanden, der Begriff wird erst seit 1841 gebraucht - von einem ausschließlich im Rahmen der Geologie betriebenen Teilgebiet in die Geographie hinübergewechselt (SCHAEFER 1959, S.125 und 128). Hier gewann sie rasch eine zentrale Stellung und "kann heute zu den am besten entwickelten Zweigen der Geographie gerechnet werden" (Das Gesicht der Erde, 1984, S.440). Die typologischen Teilfelder der drei anderen Hauptkomponenten der abiotischen Sphäre - Klima, Wasser, Boden - entfalteten sich teils unmittelbar vor, teils erst nach der Jahrhundertwende (Boden). Auffällig ist die rasche starke Aufwertung des Faktors Boden und der seit den Jahren des I. Weltkrieges anhaltende Negativtrend des biotischen typologischen Teilfeldes. Letzterer geht darauf zurück, daß in der geographischen Literatur Typ-Belege aus der eigentlich biologischen Systematik selten geworden sind und daß anthropologische bzw. anthropometrische Untersuchungen aus dem Forschungsinteresse der Geographen ausgeschieden sind. Beachtlich ist der hohe und in den letzten Jahrzehnten stark gewachsene Anteil übergreifender physisch-geographischer Typologien; die typologische Arbeitsweise ist also in eine enge Symbiose mit dem theoretisch-komplexen physisch-geographischen Denken eingetreten.
Eine Schlüsselstellung in der Entwicklung des physisch-geographischen Typisierens

mit Ausstrahlung auf das Gesamtgebiet der Geographie hatte Ferdinand v. RICHTHOFEN mit seinem 1886 erschienenen Werk "Führer für Forschungsreisende. Anleitung zu Beobachtungen über Gegenstände der physischen Geographie und Geologie" eingenommen. RICHTHOFEN unterzog die Geomorphologie erstmals einer umfassenden Systematik unter maßgeblicher Anwendung typologischer Prinzipien. Er erarbeitete z.B. ein hierarchisch gestuftes System der Küstentypen (u.a. mit dem Fjordtypus, Rias-Typus, dalmatischen Typus, Liman-Typus) und eine adäquate Typeneinteilung der Seehäfen. Er entwickelte eine auf Typen beruhende genetische Differenzierung der Gesteine wie der Gebirge, arbeitete mit typologischen Allgemeinbegriffen (Grund-, Haupt-, Neben-, Gesamt-, Mischtypus; "homotypisch" und "heterotypisch"). Weiterhin gelangte er zu einer Hierarchie von Bodentypen (zweigeteilt in "Typen des Eluvialbodens" und "Typen des Aufschüttungsbodens") und daraus abgeleiteten "Typen der Erdräume nach dem Gesichtspunkt der Bodenbildung". Das alles war von großer methodologischer Breiten- wie Tiefenwirkung auf die zeitgenössische Geographie.
Dieser Einfluß v. RICHTHOFENs und der bedeutende Aufschwung des physisch-geographischen Typisierens um die Jahrhundertwende wird bei einem Auflagenvergleich von Alexander SUPANs Lehr- und Handbuch "Grundzüge der Physischen Erdkunde" mit besonderer Prägnanz sichtbar (Tab. 9, S.100/101). Es liegt hier der seltene Fall vor, daß ein geographisches Grundlagenwerk ein halbes Jahrhundert lang (8 Auflagen zwischen 1884 und 1934) unter weitgehender Bewahrung des ursprünglichen Grundkonzeptes wissenschaftlich aktuell und fruchtbar gehalten werden konnte. Die 6. Auflage bearbeitete der 1920 verstorbene Autor noch selbst. Erkennbar ist einmal die bedeutende Zunahme besonders der geomorphologischen Typbelege nach Erscheinen von v. RICHTHOFENs Werk im Jahre 1886. Zum anderen ist es beeindruckend, wie ein und derselbe Autor - nach anfänglicher Zurückhaltung (1884) - sich mehr und mehr das Typisieren als Arbeits- und Darstellungsinstrument erschließt, neu entstandene Typologien anderer Autoren aufgeschlossen einbezieht. Im Ergebnis wird eine beachtliche Breite und methodische Verdichtung der -typ-Verwendungen erreicht. Die aus dem PGM-Material abgeleiteten Grundtendenzen des physisch-geographischen Typisierens in dieser Zeit werden voll bestätigt.

Unter den Hauptkomponenten der *Sozialökonomischen Geographie* nimmt das typologische Teilfeld "Siedlung" - wie Tab. 8 (S.94-96) zeigt - hinsichtlich Beleganteil und Wachstum den zentralen Platz ein. Ein geographisch-typologisches Teilfeld "Wirtschaft" hat sich erst seit etwa 1930 profiliert, und der Faktor "Bevölkerung" - anfangs mehr ethnographisch, später mehr demographisch orientiert - zeigt in der Entwicklung Schwankungen. Beim Begriffskomplex "Kultur" ist die typologische Aktivität gegenwärtig in Petermanns Geographischen Mitteilungen fast erloschen; das hängt damit zusammen, daß Probleme der Archäologie, der Kunst und Architektur weitgehend aus dem wissenschaftlich-geographischen Gesichtskreis verschwunden sind. Relativ unbedeutend geblieben ist der Bereich umfassender gesellschaftlicher Wertungen und von Länder- bzw. Staatentypisierungen. Die komplexe sozialökonomisch-geographische Sichtweise bildete erst in jüngster Zeit ein spezifisches typologisches Teilfeld aus.

Zweifellos besteht ein beträchtliches Gefälle hinsichtlich der typologischen Durchdringung der physisch-geographischen und der sozialökonomisch-geographischen Forschungssubstanz. Noch nach 20 Jahren bleiben die Mahnungen und Forderungen von MAERGOIZ (1967, S.161) aktuell, "in der ganzen Breite der ökonomisch-geographischen Forschung die typologische Methode, typologische Gruppenbildungen und Charakteristika einzuführen, die in der ökonomisch-geographischen und innerhalb derselben besonders in der regionalen Literatur bisher erst in geringem Umfang anzutreffen sind. Wenn sie überhaupt angewandt werden, dann handelt es sich nur um Versuche zur Bestimmung und Beschreibung konkreter Einzeltypen. Solange eine ausgebaute Theorie und Methodik der typologischen Analyse in der Ökonomischen Geographie fehlen, gründen sich diese Versuche in der Regel auf die Intuition und tragen subjektiven Charakter. Nur die Entwicklung einer Methodik zur Anwendung typologischer Begriffe in der Ökonomischen Geographie macht es möglich, alle Funktionen dieser Begriffe als Erkenntnismittel umfassend zu nutzen."

Tabelle 9: Struktur und Entwicklung des Typ-Wortbestandes in A. SUPANs Werk "Grundzüge der physischen Erdkunde" (1.-7. Auflage; 1884 bis 1930)

Bereiche/Beispiele	Anzahl der Typbelege			
	1.Aufl. (1884)	2., umgearb. und verbesserte Auflage (1896)	6., umgearb. und verbesserte Auflage (1916)	7., gänzl. umgearb. Auflage (1927; 1930)
I. Typen allgemein	**-**	**1**	**1**	**2**
"Prototyp"				1
"Typenordnung"				1
II. Geogr.Typen allgemein	**-**	**-**	**3**	**4**
"Verbreitungstypen"			2	2
"Standorts-Typen"				1
"Arealtypen"				1
III. Typen in der Phys. Geographie	**37**	**99**	**154**	**270**
1. Allgemein/komplex	*1*	*1*	*1*	*3*
"Landschaftstypen"				2
2. Georelief	*4*	*46*	*55*	*97*
"Relieftypen"		1	1	12
"Gesteinstypus"		1		1
"Vulkantyp"				1
"Vesuvtypus"		4	5	3
"Erosionstypus"		1		
"Küstentypen"		1	2	2
"Moränentypen"			1	1
"Formentypen"				2
"Mischtypen"				4
3. Boden	-	*5*	*13*	*11*
"Bodentypen"		3	9	8

(Fortsetzung S.101)

Fortsetzung Tabelle 9

Bereiche/Beispiele	Anzahl der Typbelege			
	1.Aufl. (1884)	2., umgearb. und verbesserte Auflage (1896)	6., umgearb. und verbesserte Auflage (1916)	7., gänzl. umgearb. Auflage (1927; 1930)
4. Wasser	*5*	*13*	*29*	*41*
"Gletschertypen"		1	1	4
"Inlandeistypen"				2
"Alaskatypus" (Gletscher)			3	
"Seetypen"				3
"Excelsior-Typ" (Geysire)			1	1
5. Klima	*11*	*15*	*39*	*72*
"Klimatypen"			2	14
"Regentypen"	1	3	1	1
"Witterungstypus"	2	1		
"Trop. Grenztypus" (Niederschläge)			4	4
6. Organismen	*16*	*19*	*17*	*46*
"Vegetationstypen"			1	1
"Waldtypen"				2
"Xerophytentyp"				1
"Vogeltypen"	1	1		
"Kameltypus"	1	1		
"Organisationstypen"				1
Typbelege insgesamt	**37**	**100**	**158**	**276**
davon: Simplizia	26	63	90	155
WBK	11	37	68	121

4.3.4. Herausbildung typologischer Leitbegriffe

An anderer Stelle (S.58) ist bereits auf die *verschiedenen qualitativen Stufen des Typ-Wortgebrauchs* verwiesen und angedeutet worden, daß es sich auf dem Wege von der Einführung des Wortes über die anfangs vorrangige Verwendung als Simplex, über die besonders im Deutschen gut verfolgbare Bildung von Wortbildungskonstruktionen bis hin zur breiten Anerkennung als fachsprachliches Element ***um einen Prozeß handelt, mit dessen Verlauf notwendig ein Gewinn an Stabilität, Kontinuität und sprachlicher Vermittlungsfähigkeit für die typologischen Felder einhergeht.*** Das bedeutet aber nicht, daß der Simplexgebrauch ausschließlich als eine Frühstufe des Arbeitens mit Typen abgewertet werden müßte. Zahlreiche neuere, auf großen Merkmalsmengen bzw. rechnergestützten Verfahren beruhende Typologien lassen eine sprachliche Kennzeichnung per Wortbildungskonstruktion kaum noch zu oder nicht mehr als zweckmäßig erscheinen. Der Simplexgebrauch bei "Typ" führt tendenziell jedoch rasch an Schranken für die gezielte inhaltliche Determination und Übertragbarkeit. Andererseits ist das bloße Produzieren von Wortbildungskonstruktionen noch kein Indiz für ein stabiles typologisches Feld. ***Stabilität entsteht erst durch häufigen, wiederholten Gebrauch.*** Viele der typologischen Wortbildungskonstruktionen aber tragen den Charakter von "Eintagsfliegen" und verlieren sich bereits unmittelbar nach ihrem Entstehen in der wissenschaftlichen Literatur. Tab. 10 (S.103) vermittelt an Hand des PGM-Wortgutes einen Überblick unter zwei Aspekten:

- Rangfolge der einzelnen geographisch-typologischen Teilfelder nach dem Anteil von Typ-Wortbildungskonstruktionen

und

- Verwendungshäufigkeit der Typ-Wortbildungskonstruktionen in den geographisch-typologischen Teilfeldern, unterteilt nach geringer, mittlerer und hoher Frequenz.

Wie unterschiedlich die Teilfelder strukturiert sind, läßt bereits ein Blick auf die Spitze und das Ende der Tabelle erkennen.

Tabelle 10: Der Anteil von Wortbildungskonstruktionen an der Gestaltung der inhaltlichen Struktur des -typ-Wortgutes in der Geographie (Basis: PGM-Belegauswertung 1855-1987)

Bereich bzw. Begriffskomplex (Nomenklatur vgl. Tab. 8, S.94/95)		Typ-Belege insgesamt 1855-1987		dar. Wortbildungskonstruktionen (WBK)						
				Anteil	Anteiläquivalente			Verwendungshäufigkeit je WB		
				1855 -1987	1855 - 1899	1900 -1949	1950 - 1987	< 10	10 - 100	> 100
		abs.	%	%	%	%	%	%	%	%
(III.)	Typen in d. Phys. Geogr. (insgesamt)	11 525	= 100,0	58,5	28,0	48,4	70,5	24,7	19,8	14,0
(II.)	Geogr. Typen allg.	180	= 100,0	56,7	25,0	10,0	67,1	32,2	24,5	-
(IV.)	Typen in d. Anthropogeogr./ Sozialökon. Geogr. (insges.)	4 515	= 100,0	49,5	40,4	50,8	49,5	22,2	21,1	6,2
(VI.)	Sonstige Typen	61	= 100,0	47,5	58,3	45,5	44,4	47,5	-	-
(I.)	Typen allg.	491	= 100,0	45,4	25,0	46,4	45,7	31,4	14,0	-
(V.)	Typen in d. Kartographie	772	= 100,0	42,9	30,4	53,7	53,9	20,6	9,1	13,2
(III.1)	Phys. Geogr. allg./kompl.	2 366	= 100,0	76,2	38,1	69,3	78,6	23,0	30,8	22,4
(III.3)	Boden	1 241	= 100,0	74,4	30,8	81,9	73,1	23,2	13,4	37,8
(III.2)	Georelief	3 175	= 100,0	56,6	37,6	39,9	67,1	26,0	26,1	4,5
(IV.1)	Sozialök. G. allg./kompl.	225	= 100,0	53,5	-	71,4	49,2	22,2	31,1	-
(IV.2)	Bevölkerung	710	= 100,0	52,1	44,8	51,6	56,7	18,6	18,0	15,5
(IV.4)	Wirtschaft	1 097	= 100,0	51,7	37,5	60,4	46,7	30,9	20,8	-
(IV.5)	Siedlung	1 813	= 100,0	51,7	37,2	56,5	49,9	15,2	27,2	9,3
(III.5)	Klima	1 179	= 100,0	50,1	21,8	53,8	55,1	24,9	10,3	14,9
(III.6)	Organismen	2 649	= 100,0	46,1	27,3	40,8	79,2	24,6	10,1	11,4
(III.4)	Wasser	915	= 100,0	44,9	12,6	43,4	52,7	26,4	18,5	-
(IV.6)	Kultur	536	= 100,0	36,6	36,0	35,3	52,8	30,8	5,8	-
(IV.3)	Gesellschaft u. Staat	134	= 100,0	31,3	11,1	33,3	31,6	31,3	-	-
Insgesamt		**17 544**	**= 100,0**	**55,1**	**30,3**	**48,0**	**63,6**	**24,2**	**19,5**	**11,4**

Mit Abstand über den bedeutendsten Anteil an Typ-Wortbildungskonstruktionen im allgemeinen sowie an hochfrequenten WBK im besonderen verfügen die Begriffskomplexe "Physische Geographie allgemein/komplex" und "Boden". Mit Abstand am Tabellenende rangieren die Begriffskomplexe "Kultur" und "Gesellschaft und Staat", für die nur ein geringer Konzentrationsgrad geographisch-typologischer Aktivitäten charakteristisch ist, sichtbar in einem niedrigen Anteil an Wortbildungskonstruktionen und geringen Verwendungsfrequenzen.

Auf der allgemeinmethodologischen Ebene ("Typen allgemein") spielt der Einsatz von Simplizia nach wie vor eine größere Rolle; die Verwendungshäufigkeiten bei den Wortbildungskonstruktionen deuten auf die bestehenden Probleme einer koordinierten begrifflichen Durcharbeitung hin.

Auf der fachmethodologischen Ebene ("Geographische Typen allgemein", "Physische Geographie allgemein/komplex", "Sozialökonomische Geographie allgemein/komplex") ist demgegenüber eine besonders ausgeprägte Hinwendung zu Wortbildungskonstruktionen zu beobachten. Offensichtlich spiegelt sich hierin das seit den 50er Jahren erheblich gewachsene Interesse der Geographen an der fachspezifisch-theoretischen Erschließung des Typproblems wider.

Auf der Ebene der Begriffskomplexe und der sie vertretenden Teildisziplinen zeigt sich eine ***erhebliche innere Differenzierung der geographischen Wissenschaft hinsichtlich der Ausgestaltung und Stabilität ihres typologischen Feldes***. Bei näherer Betrachtung erweist sich hier vor allem ein Kriterium als wesentlich, nämlich ***das Kriterium, ob es in den einzelnen Teildisziplinen möglich war, einen oder einige wenige typologische Leitbegriffe zu entwickeln***. Es geht dabei um Leitbegriffe, die

- wesentliche Teile des teildisziplinären Forschungsgegenstandes einschließen und damit in großer Breite aufgegriffen werden können,
- im geographischen Raum konkret faßbare Objektarten bezeichnen,
- selbst als Ausgangspunkt für weitere verfeinernde, differenzierende oder modifizierende typologische Forschungen geeignet sind.

Aufschlußreich ist in diesem Zusammenhang eine Übersicht über die laut PGM-Belegstatistik ***meistgebrauchten geographisch-typologischen Wortbildungskonstruktionen*** (Tab. 11, S.105).

Tabelle 11: Die meistgebrauchten Typ-Wortbildungskonstruktionen in der deutschsprachigen geographischen Literatur (Basis: PGM-Belegauswertung 1855 - 1987)

Wortbildungskonstruktion	Anzahl der in PGM festgestellten Verwendungen			
	Insgesamt (1855-1987)	davon 1855-1899	1900-1949	1950-1987
Bodentyp	469	3	156	310
Landschaftstyp	332	6	242	84
Haupttyp	244	23	120	101
Naturraumtyp	230	-	-	230
Klimatyp	178	1	79	98
Vegetationstyp	178	20	50	108
Grundtyp	176	21	27	128
Siedlungs-/ Siedelungstyp	175	2	72	101
Relieftyp	144	1	9	134
Volks-/ Völkertyp	130	57	72	1
Waldtyp	129	1	82	46
Typen-/ Typbildung	127	-	8	119
Formen-/ Formtyp	114	-	30	84
Standort-/ Standortstyp	113	-	1	112
Gebietstyp	111	-	2	109
Küstentyp	103	24	47	32
Kartentyp	102	4	12	86
Haus-/ Häusertyp	91	1	62	28
Gemeindetyp	80	-	3	77
Substrattyp	76	-	-	76
Summe	**3 302**	**164**	**1 074**	**2 064**
Anteil an den Typ-WBK der PGM insgesamt	34,2 %	33,1 %	36,8 %	33,1 %

Die in Tab. 11 (S.105) aufgeführten 20 Wortbildungen sind streng eingegrenzt. Bei fast jeder von ihnen gibt es noch ein weitverzweigtes, hier nicht einbezogenes "Umfeld" (z.B. bei "Bodentyp": Hauptbodentyp, Bodentypenkunde, Bodentypenabfolge, Bodentypen-Karte, Bodenbildungstyp usw. usw.; bei "Haus-/Häusertyp": Wohnhaustyp, Haustypenkarte, Hüttentyp, Bautyp, Bebauungstyp, Verbauungstyp usw. usw.). Dennoch entfällt allein auf diese 20 Typenausdrücke rd. 1/3 aller in PGM festgestellten Typ-Wortbildungskonstruktionen, und das in historischer Sicht nahezu gleichbleibend.

Es treten einige allgemein gefaßte Bildungen auf ("Haupttyp", "Grundtyp", "Typen-/Typenbildung", "Formen-/Formtyp", "Standort-/Standortstyp", "Gebietstyp"); größer aber ist die Anzahl jener hochfrequenter Wortbildungskonstruktionen, die eindeutig bestimmten Sachbereichen der Geographie zuzuordnen sind.

Beginnen wir mit der ***Physischen Geographie***.

Es mag überraschen, daß an erster Stelle aller geographisch-typologischen Wortbildungskonstruktionen "*Bodentyp*" erscheint. Obwohl anfangs mit unterschiedlichen Inhalten belegt, hat sich dieser Begriff zur "wichtigsten Kategorie", "gewissermaßen zur Grundlage der Bodensystematik" (LIEBEROTH 1969, S.118) entwickelt. "Zu einem Bodentyp gehören Böden, die im Laufe ihrer Entwicklung eine größere Anzahl gemeinsamer Eigenschaften erwarben, so daß sie heute eine weitgehend ähnliche Merkmalskombination aufweisen. Jeder Bodentyp ist durch eine ihm eigene charakteristische Horizontfolge gekennzeichnet, an der alle ihm zuzuordnenden Böden im Gelände erkannt werden können" (LIEBEROTH a.a.O.). In der pedotaxonomischen Kategorie "Bodentyp" sind also der morphologische - d.h. strukturelle Ähnlichkeitsbeziehungen herausstellende - und der morphogenetische - d.h. die Verwandtschaftsbeziehungen der Böden charakterisierende - Aspekt zusammengeführt worden. Es handelt sich um einen disziplintragenden (Bodenkunde, Bodengeographie) und zugleich über Disziplingrenzen hinweg leicht vermittelbaren typologischen Leitbegriff im ausgeprägten Sinne. "Konkurrenzbegriffe" hat es nicht gegeben; in der neueren Literatur tritt gelegentlich "Pedotyp" neben "Bodentyp" auf. Das typologische Teilfeld des Begriffskomplexes "Boden" erreicht sein Profil und seine Stabilität entscheidend durch Ausrichtung auf den absolut dominierenden Leitbegriff.

Im Bereich der Physischen Geographie hat sich weiter, neben "Bodentyp", eine ganze Reihe typologischer Leitbegriffe herausgebildet. Im Zusammenhang mit dem Teilfeld "Physische Geographie allgemein/komplex" sind hier vor allem "*Landschaftstyp*" und "*Naturraumtyp*" zu nennen. Die PGM-Belegstatistik weist für "Landschaftstyp" den Verwendungshöhepunkt in den 20er und 30er Jahren aus. "Naturraumtyp" wird erst seit den 60er Jahren gebraucht und übernimmt zunehmend die begrifflichen Funktionen von "Landschaftstyp". Das typologische Teilfeld "Georelief" - Gegenstand der Geomorphologie - orientiert sich zum einen an dem umfassenden, seit 20 bis 25 Jahren in PGM besonders häufig verwendeten Leitbegriff "*Relieftyp*"; zum anderen stehen für Spezialbereiche weitere Leitbegriffe zur Verfügung: z.B. der seit v. RICHTHOFEN (1886) und KRÜMMEL (1891) wohlvertraute Begriff "*Küstentyp*" und die in den 60er Jahren unseres Jahrhunderts erstmals auftretende Neubildung "*Substrattyp*", ferner "Verwitterungstyp" (70 Belege), "Gesteinstyp" (40 Belege) u.a.m. Ein weiterer wichtiger, den Forschungsgegenstand einer ganzen physisch-geographischen Teildisziplin betreffender Leitbegriff ist "*Klimatyp*"; seine dominierende Rolle wurde durch die bereits um die Jahrhundertwende intensiv betriebene Arbeitsrichtung der Klimaklassifikation begründet und hauptsächlich durch W. KÖPPENs im Zeitraum von 1884 bis 1931 entwickelte Klimatypenlehre gefördert. Im biotischen Bereich der Physischen Geographie stehen traditionell pflanzengeographische Problemstellungen im Vordergrund; dementsprechend hat sich hier "*Vegetationstyp*" als der eigentliche typologische Leittyp konstituiert. Im Zeitraum bis etwa 1940 hätte seine Stellung noch eindeutiger sein können, bis dahin haben ihm andere, aussageähnlich gebrauchte Begriffe spürbar Konkurrenz gemacht ("Pflanzentyp" 26 Belege, "Florentyp" 11 Belege). Als weitere Dominanten im Teilfeld "Organismen" traten hervor "*Waldtyp*" (Einflüsse insbesondere der von CAJANDER in der Zeit ab 1909 bis in die 40er Jahre aufgebauten Waldtypenlehre) und "Rassentyp" (54 Belege; typologischer Leitbegriff der bis in die 40er Jahre betriebenen anthropologischen Richtung). Relativ aufgesplittert erscheint gegenüber allen anderen hier ausgewiesenen physisch-geographischen Teilfeldern der Begriffskomplex "Wasser". Funktionen als typologische Leitbegriffe deuten sich im PGM-Material an bei "Gletschertyp" (45 Belege), "See-/Seentyp" (30 Belege) und auch bei "Moortyp" (27 Belege). Aus diesen relativ niedrigen Frequenzen darf allerdings nicht auf ein schwach entwickeltes oder gar instabiles typologisches Feld geschlossen werden. Zu verweisen ist einmal auf eine breit entwickelte gletschertypologische Arbeitsrichtung, unter deren frühen Vertretern besonders HEIM (1885) und H. HESS (1904) erste wichtige Beiträge leisteten (vgl. WILHELM 1975, S.277). Zum anderen begründete FOREL in den 80er und 90er Jahren des vergangenen Jahrhunderts im Rahmen der Physischen Geographie (vgl. FOREL 1901, S.1 u.10) seine klimatisch-thermisch ausgerichtete *Seentypenlehre*; anschließend kam es zu einem weitverzweigten "Ausbau des Seentypensysteme ... als eine der Leitlinien für die weitere Entwicklung der Limnologie" (SCHWOERBEL 1984,S.3-4).

Etwas anders als in der Physischen Geographie stellt sich die Situation im Bereich der ***Sozialökonomischen Geographie*** dar. Hier erinnert eigentlich nur das siedlungsgeographisch-typologische Teilfeld in seinen Grundzügen an die physisch-geographischen Feldstrukturen. Eine beherrschende Rolle als überdeckender typologischer Leitbegriff spielt "*Siedlungs-/Siedelungstyp*" - allerdings mit Überschneidungen zur jüngeren, ebenfalls wichtigen Wortbildung "*Gemeindetyp*". Für spezifische Forschungsgebiete heben sich von ihrer Frequenz her noch weitere typologische Begriffe, z.B. "*Haus-/Häusertyp*", ferner "Stadt-/Städtetyp" (50 Belege), "Funktionstyp" (34 Belege), "Dorftyp" (25 Belege), "Zentrumstyp" (16 Belege), ab. Von anderen sozialökonomisch-geographischen Teilfeldern ist nur noch "*Volks-/Völkertyp*" (beim Begriffskomplex "Bevölkerung") herauszustellen, eine Wortbildung, die von jeher stark völkerkundlich gefärbt war, typologische Leitfunktionen nur bis in die 30er Jahre ausübte und heute für die Geographie praktisch erloschen ist. Die moderne Bevölkerungsgeographie fußt demgegenüber vor allem auf demographischen Grundlagen; im PGM-Material heben sich kaum Verwendungshäufungen ab ("Wanderungstyp" 16, "Bevölkerungstyp" 8, "Sozialtyp" 6 Belege). Das korrespondiert offenbar weitgehend mit WEBERs Feststellung, wonach "Klassifizierung, Typologie, Modellbildung ein weites und lohnenswertes , aber bislang noch wenig beackertes Feld bevölkerungsgeographischer Forschung" darstellen (1985, S.21). Ähnliches gilt für die anderen sozialökonomisch-geographischen Teilfelder. Es fehlt ihnen an starken (= vielgebrauchten), übergreifenden Leitbegriffen. Von der in PGM festgestellten Beleganzahl her spielen nur eine randliche

Rolle: "Kulturtyp" 17, "Betriebstyp" 15, "Wirtschaftstyp" 9, "Produktionstyp" 8, "Ländertyp" 6, "Staaten-/Staatstyp" 4. Andere typologische Ausdrücke mit z.T. höheren Frequenzen eignen sich kaum für Leitfunktionen bzw. für den systematischen Ausbau typologischer Systeme ("Flurtyp" 45, "Nutzungseffekttyp" 20, "Schiffstyp" 15, "Flugzeugtyp" 12, "Ortsnamentyp" 12, "Hafentyp" 11 Belege). Hinzu kommt, daß das besondere theorierelevante typologische Teilfeld "Sozialökonomische Geographie allgemein/komplex" arm an Typ-Verwendungen ist.

Im Bereich der ***Kartographie*** dominiert traditionell der Leitbegriff "*Kartentyp*" inmitten eines relativ gut ausgebauten, stabilen typologischen Teilfeldes. Außerdem gibt es einige wenige im PGM-Material niedrigfrequente Begriffe, wie z.B. "Atlastyp" (12 Belege) und "Signaturtyp" (11 Belege), die an Bedeutung gewinnen.

Der kleine Bereich "***Sonstige Typen***" (vgl. Tab. 8, S.94-96, und Tab. 10, S.103) mit seinem hohen Simplexanteil ist sehr heterogen strukturiert und besitzt keinen typologischen Leitbegriff. In ihm sammeln sich Reste fremder typologischer Felder, die für den Geographen insgesamt nur wenig Bedeutung besitzen (z.B. Drucktechnik: Typensatz, Drucktyp; Meßtechnik: Prototyp-Meter; Expeditionsausrüstung: Zelttyp, Schlittentyp, Nansentyp eines Kochofens; Astronomie: Satellitentyp, Spektraltyp).

Eine eingehendere Charakteristik der Struktur und Entwicklung des geographisch-typologischen Feldes und seiner Leitbegriffe muß weiteren Untersuchungen vorbehalten bleiben. Ein besonderer Anreiz für derartige weiterführende Arbeiten dürfte darin liegen, daß von diesem Aspekt des Typproblems her aufschlußreiche Einblicke in die Gesamtsituation der geographischen Forschung und ihrer Methodologie zu gewinnen sind.

4.3.5. Zur Ausprägung spezifisch geographischer Charakterzüge in der Typenbildung

Bei Betrachtung des in der Geographie verwendeten -typ-Wortgutes erhebt sich die ***Frage nach den facheigenen oder fachfremdem Ursprüngen der Elemente des geographisch-typologischen Feldes.***

Wie bereits weiter oben ausgeführt, wird diese Frage vom Einzelfall der Typverwendung her nur selten eindeutig zu beantworten sein.

Wenden wir uns kurz - als Beispiel genommen - einer Nachbardisziplin, der Geologie, zu, mit der die Geographie nicht zuletzt auch über das anerkanntermaßen weit ausgebaute geomorphologisch-typologische Teilfeld eng verbunden ist. Die Durchsicht eines neueren Handbuchs der Geologie (Unsere Erde. Eine moderne Geologie. 3., überarb. Auflage 1983) läßt einen relativ hohen Bestand typologischer Ausdrücke erkennen. Die Mehrzahl der dort festzustellenden Typ-Komposita begegnet auch in der geographischen Literatur (z.B. Landschafts-, Boden-, Quellen-, Gesteinstyp; ferner Island- und Hawaiitypus der Vulkane, Magmentyp, Mogotentyp des Turmkarstes; außerdem Schichtungstyp, Lagerstättentyp, Krustentyp, Mosaiktyp). Entfernter liegen Bildungen, wie: tektonische Bautypen, Bautypen der Minerale, stammesgeschichtliche Dauertypen, Konservativtypen, Bindungstypen der Minerale.

Es gibt offensichtlich starke verknüpfende Momente zwischen den typologischen Feldern einzelner sich im Forschungsgegenstand berührender Wissenschaften. Sie beziehen sich vorrangig auf den Austausch bzw. wechselseitigen Gebrauch typologischer Leitbegriffe, schließen aber auch beispielsweise die den Fachbedürfnissen angepaßte, mittels Typenbildung vorgenommene Vereinfachung fremder Systematiken oder die Einführung fremder Begriffe bzw. Theoriebausteine und ihre spezifische typologische Vertiefung im Fach mit ein. Die Übernahme von Typen und Typologien ist in der Regel kein einfacher mechanischer Übertragungsvorgang sondern ein komplizierter Vermittlungs- und Aneignungsprozeß.

Der unverwechselbar ***geographische Charakter von Typologien*** ergibt sich aus der Art und Weise ihrer Raumbezogenheit. Diese ist in verschiedenen *Formen* oder *Stufen* manifestierbar:

1. Bildung von Sachtypen und gesonderte Interpretation ihrer Lokalisation bzw. geographischen Verteilung

   Beispiele: Ausgrenzung von Seetypen, Agrarwirtschaftstypen, funktionalen Gemeindetypen usw.,
   dann Kennzeichnung ihres räumlichen Vorkommens.

2. Bildung von Sachtypen und Benennung nach einem besonders charakteristischen geographischen Individualobjekt

   Beispiele: Vesuv-Somma-Typus (Vulkane), Champagne-Typ (Agrarlandschaft), Labradorinseltypus (best. alte Karten).

3. Bildung von Typen in Verbindung mit geographischen Gattungsbegriffen

   Beispiele: Küstentypen, Hochgebirgstypen, Siedlungstypen, Ballungstypen.

4. Bildung von Sachtypen und Benennung mit geographischen Gattungsbegriffen

   Beispiele: Küstentyp des Regenfalls, Hochgebirgstypen der Pflanzen, Taiga-Jäger-Typus der Bevölkerungsverteilung, Waldhufensiedlungstypen.

5. Bildung von Typen in Verbindung mit allgemeinen geographischen Ordnungsbegriffen

   Beispiele: Standort(s)typ, Typuslokalität, Raumtyp, Verbreitungstyp.

6. Bildung von Sachtypen in Verknüpfung mit allgemeinen geographischen Ordnungsbegriffen

   Beispiele: Naturraumtyp, Vegetations-Landschaftstyp, Wirtschaftsgebietstyp.

Alle sechs Formen sind gegenwärtig an der Ausgestaltung des geographisch-typologischen Feldes beteiligt. Die Formen 1 und 3 sind am längsten in Gebrauch. Der Trend zur "Theoretisierung" geographischer Typbildung äußert sich darin, daß zunehmend geographische Gattungs- und Ordnungsabstrakta einbezogen und für entsprechende typologische Wortkompositionen verwendet werden. Am schwersten ist es, disziplinspezifische Gattungsbegriffe zu fassen (Formen 3 und 4); hier sind die Grenzen gegenüber Gattungsbegriffen anderer Wissenschaften oft fließend. Unterhalb der Ebene allgemeinster disziplinübergreifender Ordnungsbegriffe (z.B. Klasse, Art, System usw.) verzeichnet das PGM-Material eine größere Anzahl von Allgemeinbegriffen mit mehr oder weniger deutlicher Raumbezogenheit. Sie sind als reale oder potentielle Bausteine eines geographisch-taxonomischen Grundgerüstes anzusehen und werden hier als "allgemeine geographische Ordnungsbegriffe" bezeichnet (s. Formen 5 und 6). Typologische Verarbeitungen lassen sich u.a. belegen für:

- Geo- (z.B. Geotyp, Geosystemtyp, Geokomplextyp, Inventar-Geotypengesellschaft usw.);
- Lage, Position, Nähe, Nachbar-, Zentrum, Rand, Milieu;
- Raum, Region, Regional-, Lokal-, Gebiet, Zone, Landschaft, Gelände, Top, Chore, Territorial-, Länder-, Staat, Kreis, Gemarkung, Gemeinde;
- Ort, Standort, Lokalität;
- Fläche, Areal;
- Verbreitung, Verteilung, Anordnung, Mosaik, Fliese, Sequenz, Catena, Grenze, Netz, Vernetzung.

Es ist also abzuleiten, daß es nicht schlechthin nur ein typologisches Feld im Gebrauch der Geographie gibt;
die geographische Wissenschaft selbst hat vielmehr ein eigenständiges, tief gestaffeltes, allerdings bereichsweise unterschiedlich entwickeltes und erst in Teilen als System zusammengeschlossenes typologisches Feld ausgebildet.
Ausgehend von einem differenzierten *sach*typologischen Profil sind in vielfältiger Weise *raum*typologische Aspekte einbezogen. Weniger im Vordergrund steht der *zeit*typologische Gesichtspunkt. Zwar begegnen Prozeß-, Bewegungs-, Entwicklungs-, Genese-, Wachstums-, Umwandlungs-, Wander- bzw. Wanderungstypen, auch einmal ein "Besucherzeittyp" (zur Kennzeichnung von Erholungsgebieten) - überwiegend spiegelt sich die historische Veränderlichkeit und Dynamik der geographischen Forschungsobjekte nicht in den typologischen Bildungen selbst wider.

Geographische Typen tragen - um Worte HEGELs zu gebrauchen (1976, Bd.II, S.163 u. 242) - etwas Unlebendiges, Statuarisches bzw. - wie E. LEHMANN formulierte (1968, S.64) - "etwas Starres, Unwirkliches" in sich.

4.3.6. Zusammenfassung

Die qualitative Entwicklung und Ausbreitung der geographisch-typologischen Arbeitsweise - sichtbar im -typ-Wortgebrauch - läßt sich zusammengefaßt als *Innovationsproblem* beschreiben.

Der Innovationsbegriff im allgemeinen Sinne (= Neuerung, Erneuerung, bezogen auf konkrete wissenschaftlich-technische Lösungen) kann hier eingesetzt werden; die Anwendung moderner Innovationstheorien hingegen müßte differenzierter geprüft werden. Unterlegt werden kann auch die Phasenstruktur von Innovationsprozessen:

- das Hervorbringen (Invention) einer Innovation,
- ihre Einführung (Adoption),
- ihre Ausbreitung (Diffusion) und Nutzung,
- ihr Wachstum, ihre Reife und Sättigung (Saturation),
- gegebenfalls auch ihre Schrumpfung (Retraktion bzw. Reduktion)

(allgemein zu Innovationsbegriff und Innovationsphasen vgl. BREUER 1985, S.8 ff., und HEINZMANN 1987).

Für die sich im geographisch-typologischen Feld manifestierende extensionale Seite gilt zunächst, daß der Ursprung, die Invention des Typgebrauchs außerhalb der Geographie lag. Die ersten Anstöße zur Herausbildung eines geographisch-typologischen Feldes sind von außen, von bereits vorher existenten anderen typologischen Feldern her (besonders der Biologie) gekommen.

Die Adoption, d.h. die Einführung in die verschiedenen Bereiche der Geographie, erfolgte auf unterschiedliche Weise. Zum einen gab es bestimmte "Initialzündungen" bzw. konkret faßbare Ausstrahlungszentren. Dazu gehören v. RICHTHOFENs Werk "Führer für Forschungsreisende" (1886) und verschiedene Typenlehren, so die Bodentypenlehre von DOKUČAEV, die Klimatypen W. KÖPPENs, die Seentypenlehre FORELs, die Waldtypenlehre CAJANDERs. Zum anderen vollzogen sich Adoptionen durch einfache Übernahme aus Nachbarwissenschaften (z.B. bei STILLEs tektogenetischen Bezeichnungen "alpinotyp" und "germanotyp"). Auch solche Formen der Adoption spielten eine Rolle, wie die Übernahme fremder Wissenschaftskategorien und ihre nachfolgende geographisch-typologische Strukturierung (z.B. beim Aufbau bevölkerungsgeographischer Typologien auf der Basis demographischer Grundbegriffe).

Ausbreitung und Wachstum des geographisch-typologischen Feldes wurden vorstehend durch das PGM-Material hinreichend belegt. Tendenzen der Reife und vor allem der Sättigung sind im vorliegenden Falle schwer zu bestimmen und bedürfen speziellerer Analysen. Sie können dann in Erscheinung treten, wenn umfassende, stabile typologische Systeme auf sicherem taxonomischem Grund geschaffen sind. Sättigungseffekte dürften sich aber auch einstellen, wenn eine Großproduktion von Typen bzw. von typologischen Ansätzen nicht dazu führt, das theoretisch-methodologische Gesamtgefüge auf ein höheres Niveau zu führen.

Schrumpfungstendenzen konnten mit Hilfe des PGM-Materials ebenfalls nachgewiesen werden - namentlich für solche Bereiche, aus denen sich das Fachinteresse der Geographen spürbar zurückgezogen hat (anthropologisch-völkerkundliche Forschung, biologische Systematik u.a.).

Nach allem wurde deutlich, daß sich in der Bedeutungsextension des geographischen Typbegriffs eine ausgeprägte Eigendynamik mit charakteristischen Zügen der Entwicklung und des historischen Wandels spiegelt. Es wäre eine wichtige weiterführende Aufgabe, die Verflechtungen unter den Typologien, die Beziehungen zwischen der Bildung und der Weiterverarbeitung, Substitution oder dem gänzlichen Erlöschen typologischer Elemente einer näheren Betrachtung zu unterziehen, ein Ordnungsmodell der Bezugsobjekte und Typisierungsmerkmale zu erarbeiten, speziellere Techniken der linguistischen Wortfeld- bzw. Bedeutungsanalyse anzusetzen.

Für die geographische Wissenschaft konnte gezeigt werden, daß sich die Taxonomisierung des Typbegriffs als Prozeß wie als Ergebnis in der Struktur und Entwicklung des typologischen Feldes ablesen läßt.

Letztlich ist damit jedoch *ein Wandel des Typbegriffes selbst*, d.h. eine Veränderung seiner intensionalen Struktur, seines Bedeutungsinhaltes verbunden. Das leitet zum folgenden Teilkapitel, zur Bestimmung des Bedeutungsgehaltes des Typbegriffs bei seiner Anwendung auf geographische Forschungsprobleme, über.

5. Die Bedeutungsstruktur des Typbegriffs bei seiner Anwendung in der Geographie

Als sprachliche Bezeichnungseinheit bildet das Wort die materielle Hülle von Bewußtseinselementen; es stabilisiert und fixiert bestimmte *Begriffe* (vgl. SCHIPPAN 1984, S.119). Für die Klärung und exakte Festlegung von Begriffen gibt es aus methodologischer Sicht zwei Möglichkeiten:

- die ***Definition***, d.h. die definitorische Abgrenzung von Begriffen im Rahmen einzelwissenschaftlicher Begriffsnetze;
- die ***Bedeutungsanalyse*** oder Begriffsexplikation, d.h. das Ersetzen eines unexakteren Begriffs durch einen exakteren (Die Wissenschaft von der Wissenschaft, 1968, S.181 ff.).

5.1. Grundsätzliches zur Bedeutungsanalyse

Für den Aufbau wissenschaftlicher Terminologien, der auf maximale Eindeutigkeit, Bestimmtheit und Genauigkeit des Sprachgebrauchs abzielt, spielt die *Bedeutungsanalyse* eine besondere Rolle.

"Je abstrakter unsere Theorien werden, desto wichtiger ist die Analyse der Bedeutung unserer wissenschaftlichen Termini, d.h. eine wissenschaftlich betriebene Semantik. Je komplizierter diese Theorien werden, desto notwendiger ist eine Beschäftigung mit der Struktur solcher theoretischen Systeme, d.h. eine wissenschaftlich betriebene Syntaktik. Das immer größer werdende gesellschaftliche Gewicht der Wissenschaft und ihrer Begriffsbildungen gestattet es nicht mehr, die Beziehungen zwischen Sprache, insbesondere zwischen Wissenschaftssprache und Gesellschaft einfach dem Selbstlauf zu überlassen" (KLAUS 1965, S.10).

E. ALBRECHT (1976, S.198 ff.) hat die methodischen Schritte der Begriffsexplikation vom Explikandum (vage vorwissenschaftliche bzw. wissenschaftlich noch nicht ausreichend durchgearbeitete Wortbedeutung) zum Explikat (exakter wissenschaftlicher Begriff) dargestellt. Hauptelement einer Begriffsanalyse ist die exakte *Bestimmung der Begriffsintension*, also des Begriffsinhaltes.

Für die nachfolgende ***Bedeutungsanalyse des Typbegriffs*** leiten sich folgende Grundüberlegungen ab:

a) Betrachtet wird der "***geographische Typbegriff***" bzw. der "Typbegriff in der Geographie". Betrachtungsgrundlage sind die in geographischen Quellen vorgefundenen Typ-Verwendungen. Daraus folgt, daß in anderen Fachdisziplinen oder in gesamtwissenschaftlichem Rahmen angesetzte Bedeutungsanalysen zu abweichenden Ergebnissen gelangen können. Für solche weitergreifenden Untersuchungen bietet die vorliegende geographiegebundene Begriffsanalyse allerdings Vergleichsmaßstäbe an.

b) Beabsichtigt ist, die allgemeinen ***Bedeutungskerne des Typbegriffs*** bei seiner Anwendung in der Geographie zu bestimmen und zu systematisieren. Den Ausgangspunkt dafür bildet zunächst eine kurze Darstellung der Typ-Synonymie und der allgemeinen Bedeutungsschwerpunkte von Typ-Wortbildungen in der Geographie.

c) Abschließend wird der Versuch unternommen, aus den explizierten Bedeutungskernen des geographischen Typbegriffs ein ***Explikat in Form einer zusammenfassenden Begriffsbestimmung*** zu formulieren.

5.2. Typ-Synonyma und allgemeine Typ-Wortbildungen in der Geographie nach Bedeutungsgruppen

Einleitend (S.15) ist auf den Wert der Wortvertreter, der ***Synonyma***, für Bedeutungsanalysen hingewiesen worden. "Synonyme heben in Kontexten bestimmte Merkmale/Konnotationen deutlicher hervor und gestatten so eine präzisere Aussage" (SCHIPPAN 1984, S.220).
Mit Tab. 1 (S.16/17) ist versucht worden, den Typbegriff über allgemeinsprachliche Synonyme aus verschiedenen Wörterbüchern schärfer zu fassen. Daraus leitete sich eine Gruppierung dieser Synonyme nach Typ-Bedeutungskernen ab.
Im Rahmen der PGM-Wortgutanalyse wurde angestrebt, auch die Typ-Synonymie in der Geographie möglichst breit zu erfassen und zu dokumentieren. Bei entsprechenden Analysen zeigte sich, daß die auf allgemeinsprachlicher Grundlage in Tab.1 (S.16/17) erarbeitete ***Bedeutungskerngliederung*** in vollem Umfang auch den in PGM aufgefundenen geographischen Typ-Synonyma zugrundegelegt werden kann.

Tab. 12 (S.118/119) enthält die wichtigsten im PGM-Material auftretenden Synonymwörter für "Typ". Als besonders stark besetzt heben sich die Kerne "Physiognomisch-ganzheitliches Widerspiegeln" und "Individueneinordnung in ein hierarchisches System" heraus. Erkennbar ist weiter, daß eine Reihe von Synonyma gegenwärtig kaum noch in eine Verbindung mit der Typenbildung gebracht werden kann. Auch die Synonymie verändert sich im Laufe der Zeit. Mit dem PGM-Material läßt sich nachweisen, daß etwa im Zeitraum von 1880 bis 1920 eine auffällige Häufung und Vielfalt der Typ-Synonymbildungen auftrat. Der starke Simplexgebrauch von "Typ" in früherer Zeit begünstigte Synonymie; mit dem Trend zu stabilen Wortbildungskonstruktionen und Typtermini wurde ihr weitgehend der Boden entzogen. Gegenwärtig erscheint sie im geographischen Sprachgebrauch stark abgeschwächt. Lediglich zwei Ausdrücke werden noch häufig als Parallelwörter zu "Typ" eingesetzt: "Form" und "Klasse". In dieser generellen Entwicklung kann mit Recht ein Gewinn an fachsprachlicher Exaktheit und an kommunikativer Vermittelbarkeit gesehen werden.

Tab. 13 (S.120/121) schlägt eine Brücke unmittelbar zum Typ-Wortgut. Hier wird gezeigt, wie die einzelnen Bedeutungskerne unmittelbar mit Typ-Wortbildungen aus dem PGM-Material zu untersetzen sind. Ausgewählt wurden ***Wortbildungskonstruktionen allgemeinerer Art***, die sich den Bedeutungskernen eindeutiger zuordnen lassen. Besonders stark besetzt sind die Kerne "Struktural-dimensionales Widerspiegeln" und "Individuenzuordnung in ein hierarchisches System", die insbesondere für die aktuellen Richtungen geographischer Typenbildung charakteristisch sind.

Nachfolgend wird eine eingehendere Darstellung der geographischen, speziell der geographiegeschichtlichen Relevanz der sieben in den Tabellen 1, 12 und 13 (S.16/17, S.118/119 u. S.120/121) ausgewiesenen Typ-Bedeutungskerne gegeben. Dabei erfolgt eine Differenzierung nach den in der geographischen Literatur festgestellten beiden Hauptdeterminationen der Typenbildung, dem *Abbildungs-* und dem *Ordnungsaspekt*.

Tabelle 12: Synonyma des Wortes "Typ" in der deutschsprachigen geographischen Literatur, gegliedert nach Bedeutungskernen (Basis: PGM-Belegauswertung 1855 - 1987)

A. Abbildaspekt			
1. Einfaches ikonisches Widerspiegeln	2. Physiognomisch-ganzheitliches Widerspiegeln	3. Ganzheitliches Widerspiegeln des inneren Wesens	4. Struktural-dimensionales Widerspiegeln
Abbildung	**Gestalt**	**Charakter**	**Bauart**
Plast. Abformung	*Aussehen*	*Charakterzug*	*Bau*
Abguß (Gips)	*Physiognomie*	*Charakterform*	*Baustil*
Photo	*Äußeres Gesamtbild*	*Gepräge*	*Bauplan*
Darstellung	*Allgemeines Bild*	*Prägung*	*Modell*
Redaktion (alte Karten)	*Profil*	*Eigenart*	*"Innerl. Organisation"*
	Statur	*"Natur"*	*Bildung*
	Form	*Eigentümlichkeit*	*Zusammensetzung*
	Erscheinungsform	*(Menschen-)Schlag*	*Zusammenfassung*
	Habitus	*Eigenschaft*	*Komplexion (= Merkmalszusammenfassung)*
	Modus		
	Verhalten		
	Figur		
	Signatur		
	Eindruck		
	Totaleindruck		
	Gesamteindruck		
	Allg. Eindruck		
	Gesamtwirkung		
	"ein Ganzes für sich"		

(Fortsetzung S. 119)

Fortsetzung Tabelle 12

B. Ordnungsaspekt		
1. Individuenzuordnung zu idealisierten Grundformen	2. Individuenzuordnung zu Repräsentativ-Individuen	3. Individueneinordnung in ein hierarchisches System
Grundform	**Muster**	**Gattung**
Urform	*Beispiel*	*Element*
Mutter-Form	*Repräsentant*	*Einheit*
Stammform	*Vertreter*	*Varietät*
Symbol	*Vorbild*	*Variante*
Leitbild		*Art (Spezies)*
		Subgenus
		Gruppe
		Klasse
		Abteilung
		Stamm
		Sippe
		Verwandter
		Kategorie
		Glied
		Zwischenglied
		Übergangsstufe

Tabelle 13: In der geographischen Literatur verwendete "Typ"-Wortbildungskonstruktionen allgemeinen Charakters, gegliedert nach Bedeutungskernen (Basis: PGM-Belegauswertung 1855 - 1987)

A. Abbildaspekt

1. Einfaches ikonisches Widerspiegeln	2. Physiognomisch-ganzheitliches Widerspiegeln	3. Ganzheitliches Widerspiegeln des inneren Wesens	4. Struktural-dimensionales Widerspiegeln
Abbildung	**Gestalt**	**Charakter**	**Bauart**
Typenbild	*Gestalttyp*	*Charaktertyp*	*Bautyp*
Typenlichtbild	*Anschauungstyp*	*Naturtyp*	*Strukturtyp*
Typenzeichnung	*Erscheinungstyp*	*Standardtyp*	*Gefügetyp*
	Form(en)typ	*Normaltyp*	*Gliederungstyp*
	Morphotyp	*Durchschnittstyp*	*Komplextyp*
	Figurtyp	*Einheitstyp*	*Ausstattungstyp*
	Stiltyp		*Inventartyp*
	Volltyp		*Differenzierungstyp*
	Gesamttyp		*Diversitätstyp*
			Heterogenitätstyp
			Mosaiktyp
			Assoziationstyp
			Sequenztyp
			Netztyp
			Vernetzungstyp
			Maschentyp
			Verknüpfungstyp
			Kopplungstyp
			Kombinationstyp
			Relationstyp
			Beziehungstyp
			Funktionstyp
			Merkmalstyp
			Bilanztyp
			Haushaltstyp
			Modelltyp

(Fortsetzung S. 121)

Fortsetzung Tabelle 13

B. Ordnungsaspekt		
1. Individuenzuordnung zu idealisierten Grundformen	2. Individuenzuordnung zu Repräsentativ-Individuen	3. Individueneinordnung in ein hierarchisches System
Grundform	**Muster**	**Gattung**
Urtyp	*Mustertyp*	*Gattungstyp*
Ursprungstyp	*Repräsentationstyp*	*Gruppentyp*
Originaltyp	*Indikatortyp*	*Klassentyp*
Stammtyp	*Prototyp*	*Typenklasse*
Mutter-Typus	*Schlüsseltyp*	*Typensystem*
Normtyp	*Typuslokalität*	*Typenordnung*
Grundtyp	*Typusregion*	*Haupttyp*
Kerntyp	*Typusprofil*	*Nebentyp*
Konzentrationstyp		*Leittyp*
Kurztyp		*Begleittyp*
		Obertyp
		Untertyp/Subtyp
		Einzeltyp/Monotyp
		Kollektivtyp
		Rahmentyp
		Zwischentyp
		Übergangstyp
		Mitteltyp
		Mischtyp
		Sondertyp
		Zusatztyp
		Grobtyp
		Feintyp
		Großtyp
		Mikrotyp
		Kleinsttyp

5.3. Bedeutungskerne des Typbegriffs

5.3.1. Der Abbildungsaspekt

5.3.1.1. "Typ" als einfache ikonische Widerspiegelung

Dieser Bedeutungskern ist in der Geographie vor allem an den Ausdruck "Typenbild" gebunden. Es gehörte zu den wichtigen Zielen der Entdeckungsreisenden des 19. Jahrhunderts, das Aussehen besuchter typischer Landschaften, Vegetationsformationen, Menschenrassen usw. visuell - eben in Form von Typenbildern (Zeichnungen, Gemälden, Photos) - zu vermitteln. In "Petermanns Geographischen Mitteilungen" war der Ausdruck noch um die Jahrhundertwende verbreitet und so vertraut, daß oft verkürzt von "beigegebenen Typen" oder von "hervorragend ausgesuchten Typen" gesprochen wurde. Offenbar in Verbindung mit der sich weltweit entwickelnden Massenproduktion von Bildmaterial und mit dem Ruin der deutschen "Kolonialgeographie" trat die Bezeichnung um 1920 rasch in den Hintergrund. Hinzu kam, daß eine derart "lockere" Bestimmung des Typbegriffs nicht mehr mit den sich in der damaligen Geographie entfaltenden systematischen Arbeitsrichtungen zu vereinbaren war.
Generell betrachtet handelt es sich hier um eine Auffassung des Typbegriffs, die durch selektive bildhafte Vermittlung gegenständlicher Objekte, durch sinnliches Wahrnehmen, durch weite Interpretationsspielräume gekennzeichnet ist - ohne die Möglichkeit, Merkmale konkret-raumbezogen zu ermitteln, zu werten, exakte Vergleiche anzusetzen und Individuen eindeutig zuzuordnen.
TERTON (1973, S.255) sieht im Typenbild "ein Dichtemittel vieler empirischer Bilder". Es erschöpfe sich in der reinen Deskription und bilde in der Regel erst eine Vorstufe zur Typenbildung. Es stelle auch keinen "Begriff" im umfassenden Wortsinn dar; das Typenbild könne "ebensowenig alle Intentionen des Begriffs erfassen wie beispielsweise das Dreieck als geometrische Form den Begriff Dreieck" (TERTON a.a.O., S.254).
Aus der Sicht dieses Bedeutungskerns ist "Typ" für die Geographie zu definieren als ***bildhafte Wiedergabe ausgewählter gegenständlicher Raumelemente***.

5.3.1.2. "Typ" als physiognomisch-ganzheitliche Widerspiegelung

Für diesen Bedeutungskern ist der Ausdruck "Gestalttyp" bzw. "Form(en)typ" treffend. Er verbindet sich mit einer traditionsreichen geographischen Arbeitsrichtung, die sich von der klassischen bzw. sogar vorklassischen Geographie bis in unsere Tage hineinzieht: die *Morphographie* (Formenbeschreibung). Sie hat eine besonders detaillierte Ausarbeitung in der Geomorphologie und in der Siedlungs- sowie Agrargeographie gefunden, wie folgende Typ-Wortbildungen aus PGM als Beispiele verdeutlichen:

Bergtyp, Hochflächentyp, Lehnsesseltyp (der Kare), Oberflächenformtyp, Reliefenergietyp, Berghügelrelieftyp, Heterogenitätstyp;

Rundhüttentyp, Grundriß- und Aufrißtyp (von Gebäuden und Siedlungen), Straßenmarkttyp (von Städten), Flachdachtyp, Maschentyp (des Siedlungsnetzes);

Flur(formen)typ, Kurzgewanntyp, Parzellentyp, Schlagtyp, Flächentyp usw. usw.

Die Formenbeschreibung war im 19. Jahrhundert noch erheblich durch das sinnlich-intuitive sowie ästhetisch-wertende Erfassen HUMBOLDTscher Prägung gefärbt (basierend auf "Eindrücken", "äußerer Wirkung", "Anschauungstypen"), gewann dann aber mehr und mehr ihre Grundlage im rationalen, exakten Beobachten bzw. Messen. Gegenwärtig spielt die morphographische Typenbildung im Rahmen geographischer Komplexuntersuchungen und moderner Forschungsmethoden ihre Rolle (Luftbildauswertung, Geofernerkundung: Identifikation von Objekten und deren Zuordnung zu Typen; mathematisch-statistische Verfahren: Kurventypen, Diagrammtypen; mathematisch-technische Systeme der Objekterkennung, vgl. STEINHAGEN u. FUCHS 1976).

Generell betrachtet geht es hier um eine an auffälligen äußeren (= visuell erfaßbaren) Merkmalen orientierte Typauffassung, ohne Berücksichtigung der inneren Wesensstruktur (Genese, Kausal- und Funktionsbeziehungen usw.) des Bezugsobjektes.

Aus dieser Sicht erscheint "Typ" als ***anschaulich zusammenfassendes Abbild sichtbarer Züge eines Objektes bzw. einer Objektklasse.***

5.3.1.3. "Typ" als ganzheitliche Widerspiegelung des inneren Wesens

Dieser Bedeutungskern verweist auf Bemühungen, den Typ als Einheit bestimmter innerer und äußerer Merkmale einer Objektklasse zu synthetisieren. Es geht um das "Gepräge", die "Natur", den "Charakter", um ein "Allgemeinbild" oder gar um eine "Wesensschau" geographischer Objekte. Typenbildungen solcher Art tendieren zur Oberflächlichkeit, wenn sie nicht durch Struktur- bzw. Merkmalsanalysen untersetzt sind. Zumeist fehlt aber eine solche Unterbauung. Dann werden solche Typen teils zu einfachen Stilmitteln mit einem hohen Unbestimmtheitsgrad degradiert, die oft nur die vage Richtung eines Vergleichs andeuten. Teils wird selbst auf den Vergleich verzichtet, wie z.B. bei BOHNE (1926), der unter dem Titel "Die Insel Nauru als Typus eines korallogenen Phosphatlagers" eine Individualcharakteristik ohne jeden typologisch-vergleichenden Bezug verfaßt hat. In der neueren geographischen Literatur tritt diese Bedeutungsvariante von "Typ" gelegentlich dann auf, wenn bestimmte Objekte auf bereits wissenschaftlich eingeführte typologisch-terminologische Fixierungen bezogen werden ("eine Flexur vom Typ der Ostabdachung Zentralasiens", "ein Ort vom Typ der Arbeiterwohngemeinde"). "Typ" könnte dabei stets durch das Wort "Charakter" ersetzt werden.
Generell betrachtet nimmt "Typ" hier die Form einer überschläglichen Merkmalszusammenfassung an - mehr mit dem Ziel, allgemeine Vergleichsmomente zu kennzeichnen oder wenigstens anzudeuten, weniger darauf ausgelegt, typologische Strukturen aufzubauen.
"Typ" wird eingesetzt als ***pauschales Abbild der Wesenszüge eines Objektes bzw. einer Objektklasse.***

5.3.1.4. "Typ" als struktural-dimensionale Widerspiegelung

Dieser Bedeutungskern bezieht die innere Differenzierung (Struktur) der zu typisierenden Objekte ein. Grundlage dieser Richtung der Typenbildung sind die Ermittlung und vergleichende Bewertung einzelner Objekteigenschaften sowie ihre

Verdichtung zu charakteristischen Merkmalskomplexen ("Bautypen", "Strukturtypen"). Teilweise werden Elemente einer allgemeinen Strukturbeschreibung als Bezugspunkt für die Typenextraktion gewählt ("Mosaiktyp", "Schichttyp", "Verknüpfungstyp", "Zerstreuungstyp", "Assoziationstyp" usw.). Die Merkmalsverarbeitung zu Typen kann auf unterschiedliche Weise erfolgen:

- Verbalsynthese,
- Aufstellung von Meßwertskalen und Ableitung von Typen bzw. Typensystemen nach der Merkmalsausprägung,
- Gewinnung von Typen bzw. Typensystemen aus n-dimensionalen Merkmalsräumen, die z.B. mittels multivariater mathematisch-statistischer Verfahren - wie etwa der Faktorenanalyse - fixiert werden können.

Zu den ersten Versuchen, geographisch relevante Merkmals*strukturen* zu erfassen und typologisch zu verdichten, können JUNGHUHNs Landformentypen der Insel Java gerechnet werden (1857). Wichtige weitere qualitative Schritte waren die Ableitung von Typen bzw. Typengliederungen aus Meßwerten (so etwa seit den 80er Jahren des vergangenen Jahrhunderts in der Klimaforschung), die Berücksichtigung unterschiedlicher Grade der Merkmalsausprägung und schließlich in der neueren Geographie (seit den 60er Jahren) der eindeutige Trend zur exakten komplexen Erfassung bestimmter Parameter von Objektstrukturelementen, mithin also zur Erfassung von Merkmalsdimensionen (vgl. dazu u.a. STEINER 1965, NEUMEISTER 1972, WOLLKOPF 1977).

Beim struktural-dimensionalen Widerspiegeln mittels Typen finden zwei methodische Prinzipien besondere Anwendung: das ***Kombinationsprinzip*** und das ***Dominanzprinzip***. Typen dieser Art beruhen vor allem auf Synthese durch Merkmals*kombination*; sie sind in ihrem Wesen also als Kombinationstypen zu bezeichnen. In ihnen kommen stets bestimmte *dominante* Strukturmerkmale zur Geltung, die sich teils aus dem Zweck der Typenbildung und der entsprechenden Merkmalsauswahl, teils aus dem Grad der Merkmalskorrelation bzw. Merkmalsverdichtung ergeben. Auch genetische Merkmale können eine wichtige Rolle spielen.

Die von WINDELBAND (1973, S.36 ff.) herausgearbeiteten hauptsächlichen Methoden der Typenbildung finden vorzugsweise auf das struktural-dimensionale Widerspiegeln Anwendung:

- Abstraktion der wesentlichen gemeinsamen Merkmale aus einer größeren Anzahl von Objekten;
- Abstraktion der wesentlichen Merkmale im Prozeß der detaillierten Untersuchung eines einzelnen oder einiger weniger Objekte;
- Konstruktion von Typen (Idealisierung).

Während die zuvor betrachteten drei "Typ"-Bedeutungskerne im wesentlichen sachtypologisch orientiert sind, besteht hier die Möglichkeit, Raumstruktur- und Zeitstrukturmerkmale unmittelbar in die Synthese einzubeziehen (sichtbar z.B. bei den Wortbildungskonstruktionen "Wirtschaftsgebietstyp", "Naturraumtyp", "Horizontfolgetyp", "Beckensequenztyp").

Generell steht hier das Zusammenspiel struktureller und funktioneller Komponenten im Mittelpunkt der Typenbildung. Ein ganzheitlicher, d.h. das allgemeine Wesen der zu typisierenden Objekte schlechthin betreffender Ausweis wird oft noch angestrebt, ist aber nicht mehr Hauptziel des Typisierens.

In diesem Sinne ist "Typ" zu kennzeichnen als ***ein konzentriertes Abbild bzw. verkürztes Modell von Merkmalsstrukturen eines Objektes bzw. einer Objektklasse.***

5.3.2. Der Ordnungsaspekt

Wenden wir uns nun weiteren Bedeutungskernen des Typbegriffs zu, bei denen zu der Abbildungsfunktion - durch entsprechende sprachliche Mittel verdeutlicht - noch *Ordnungsfunktionen* treten. Solche Ordnungsfunktionen sind, wie die PGM-Analyse zeigte, nicht bei allen Typverwendungen dominant. Typologische Systeme aber können ohne sie nicht aufgebaut werden. Die Ordnungsfunktionen kennzeichnen ein bestimmtes Verhältnis zwischen Individuum und Typ, insbesondere der Zuordnung von Individuen zu Typen.

5.3.2.1. "Typ" als idealisierte Grundform

Im Zentrum dieses Bedeutungskerns steht eine Typabstraktion, die auf die Formierung von Merkmalskonzentraten nach bestimmten theoretischen Leitgedanken zielt. Damit sind dann Bezugsstrukturen gegeben, denen sich die realen Objekte mehr oder weniger annähern. Es handelt sich hier um das "***Prinzip der reinen Typen***", das bereits im vergangenen Jahrhundert, in Verbindung mit der Entwicklung der kausalgenetischen Betrachtungsweise in der Physischen Geographie, fachmethodologisch begründet worden ist.

Um "den schwer übersehbaren und aus Beschreibungen allein kaum verständlichen Stoff zu gliedern", bediente sich v. RICHTHOFEN einer systematischen "Eintheilung der Formgebilde in Kategorien und Typen", "dürfte doch die Erkennung einer nach richtigen Grundsätzen ausgesonderten Kategorie geeignet sein, dem Forscher in manchem Fall einen Anhalt für die Richtung seiner Beobachtungen zu geben" (1886, S.IV u. V). HETTNER wandte sich in seiner Frühschrift "Die Typen der Land- und Meeresräume" (1891) gegen das Ausklügeln von allzu kunstvollen klassifikatorischen Systemen der Erdoberflächenformen auf der Grundlage von Einzelmerkmalen und empfahl, "sich mit der Aufstellung von Typen zu begnügen; denn eine logische Vollständigkeit lässt sich bei der unendlichen Mannigfaltigkeit der Erscheinungen doch nie erzielen" (S.444). PHILIPPSON (1896) sah in solchen Typen "ideale Konstruktionen, aber auf der Beobachtung der Natur begründet" (S.514), und schrieb zu ihrer *Ordnungsfunktion* (S.516): "Die Stellung der Einzelform in dem System wird dadurch gegeben, daß wir den Typus oder die Typen bezeichnen, denen die Einzelform am nächsten steht. Wenn wir auch aus Bequemlichkeit zu sagen pflegen, z.B. diese oder jene Küste *ist* eine Riasküste, so müssen wir uns dabei bewußt bleiben, daß wir damit nicht eine völlige *Gleichheit* der Form und Entstehung dieser Küste mit den anderen Riasküsten oder mit dem idealen Riastyp behaupten wollen und können, sondern nur eine Annäherung an denselben" (S.516). "Die wirklichen Formen werden diese Typen nur selten rein darstellen ..."; häufig werden sie "*Mischtypen* zwischen mehreren reinen Typen bilden. Zu dem Verständnis dieser Mischtypen sind aber wieder die reinen Typen unentbehrlich" (S.514).

Das Prinzip der reinen Typen ist also während einer Entwicklungsphase in der Geographie verwurzelt worden, als noch grundlegender Systematisierungs- und Terminologiebedarf, überhaupt das Bewußtsein beschränkter Erkenntnismittel gegenüber der mannigfaltigen geographischen Realität bestanden; die Differenzierung in geographische Teildisziplinen befand sich damals in den Anfängen.

Reine Typen lassen sich aus unterschiedlichem Betrachtungswinkel abstrahieren:

- genetisch-herkunftsbezogen
  (Zuordnen von Individuen zu einer gemeinsamen Ur- bzw. Stammform, dabei z.T. anknüpfend an den rationalen Kern des alten Urtypus-Konzeptes);

- genetisch-kausal
  (Zuordnen von Individuen zu einer bestimmten Grundform des Entstehens, der Bildungsweise);

- nach inneren Zusammenhängen
  (Zuordnen von Individuen zu einem bestimmten Bauplan, zu einer bestimmten Grundstruktur).

In der neueren Geographie werden das Prinzip der reinen Typen und seine Ordnungsfunktionen methodisch subtil gehandhabt. Unter Anknüpfung an D. P. GORSKIJ (1960; 1961) verweist WINDELBAND (1973, S.48-49) auf eine ***Stufung des Idealisierungsprozesses***. Angewendet auf das Prinzip der reinen Typen ist es vorstellbar, einerseits das reale, noch nicht idealisierte Objekt als Ausgangsstufe und andererseits die Idealisierung ohne reales Äquivalent ("leere Klasse") als entfernteste Stufe zu sehen. Die Idealisierungsstufen erstrecken sich also von reduktiv oder objektmodifizierend gewonnenen Typkonstrukten bis hin zur rein deduktiven Konstruktion von Typen. Vielfach wird in diesem Zusammenhang auch von "*Idealtypen*" gesprochen, und zwar - wie das PGM-Material belegt - offensichtlich weitgehend unbeeinflußt von Max WEBERs Lehre der Idealtypen der Gesellschaft.

Auf der Basis der Idealisierung können Ordnungsfunktionen des Typs auch durch andere Funktionen vermittelt werden, z.B.

- Veranschaulichung,
- übersichtlichere Gestaltung,
- Konzentration von Informationen,
- Einpassen in vorhandene Systeme u.a.m.

"Typ" stellt sich bei diesem Bedeutungskern dar als ***eine idealisierte Grundform, der Einzelobjekte nach ihrer struktural-funktionalen Ähnlichkeit oder ihrem genetisch-verwandtschaftlichen Zusammenhang zugeordnet werden können.***

5.3.2.2. "Typ" als Repräsentativindividuum

Für diesen Bedeutungskern von "Typ" hält die neuere Geographie als treffende Wortbildung "Typuslokalität" bereit (in PGM seit 1969); schon länger ist "Prototyp" in Gebrauch. Ein Sach- oder Raumindividuum wird zum Gegenstand intensiverer Durchforschung genommen; im Ergebnis wird vergleichend-verallgemeinernd seine Repräsentanz für andere Individuen geprüft und ihm damit der Status eines Typs verliehen. Aus diesem Ansatz heraus erklären sich die zahlreichen, schon im 19. Jahrhundert in der Geographie begegnenden Typ-Wortbildungskonstruktionen, in die Individuennamen einbezogen sind, z.B.
Canada-Typus der Erdöllagerstätten, Vesuv-Somma-Typus der Vulkane, Lichwin-Stratotyp, Agassiz-Gletscherseetyp, Champagne-Typ der Agrarlandschaft, Virginiatypus des Tabaks, Tschiftlik-Ortstyp, Lowry-Typ der Stadtentwicklungsmodelle, Osa-Typus archäologischer Funde usw. usw.

Das bei dem vorhergehenden Typ-Bedeutungskern zitierte Beispiel des Riasküstentypus wäre nominell ebenfalls in die vorstehende Reihe einzugliedern; PHILIPPSON hatte sich jedoch ausdrücklich auf eine "ideale Riasküste" als "reiner Typ" berufen und sich daher konsequenterweise gegen deren Gleichstellung auch mit der real existierenden und namengebenden nordwestspanischen Küstenform gewendet, sie also nicht als "Typuslokalität" anerkannt.
Für das Arbeiten mit physisch-geographischen Typuslokalitäten bietet ein Aufsatz von WEISSE (1987), der u.a. der Bestimmung von glazialgenetischen Kleinsenkentypen gewidmet ist, ein instruktives Beispiel. Der Autor gelangt zu 8 derartigen Typen und stützt diese überwiegend durch Benennung von Typuslokalitäten ab (z.B. Typ: Stapelungshohlformen - Typuslokalität: Quermathen; Typ: Wintereis-Aussparhohlformen - Typuslokalität: Außensander der Potsdamer Heide; usw.). Überhaupt gewinnen Typuslokalitäten eine zunehmend wichtigere Rolle für die Klärung von Nomenklatur- und Terminologiefragen. So wird im Rahmen der Quar-

tärforschung an einheitlichen Begriffsdefinitionen möglichst mit Bindung an Typuslokalitäten gearbeitet (Bilaterale Arbeitstagungen DDR/VR Polen 1973 u. 1976 zur Quartärforschung ...; 1974, S.201, u. 1977, S.135).
Ein der Typuslokalitäten-Methode vergleichbares Verfahren praktizierte ROUBITSCHEK in einer agrargeographischen Studie, die u.a. das Ziel verfolgt, "die Bodennutzung in komplexe geographische Typen der Landwirtschaft der DDR einzuordnen" (ROUBITSCHEK 1984, S.107). Der Verfasser führt insgesamt 14 Typen auf, gibt für sie verbale Kurzcharakteristiken und führt für jeden von ihnen einen administrativen Kreis (in einem Fall Ostberlin) als "Beispiel" an. Für sämtliche "Beispiele" wird umfangreiches Kennziffernmaterial angeboten. Aus den Individualangaben dieser Kreise werden also via Typ Repräsentanzfunktionen abgeleitet, die eine agrargeographische Zuordnung der anderen administrativen Kreise erleichtern.
Für diesen Bedeutungskern von "Typ" ist charakteristisch, daß Individuen Typstatus und dadurch jene normative Kraft gewinnen, die sie zu einem Systematisierungsmittel qualifiziert. Zu beachten ist auch, daß sich aus der realen Vielgestaltigkeit solcher Muster-Individuen wieder Impulse zu einer Überprüfung, Verfeinerung oder Modifikation der darauf aufbauenden Typologien ergeben können (was bei einem vorgegebenen idealen Grundmodell weniger der Fall ist).

"Typ" ist in diesem Sinne zu definieren als ***ein zum Objektvergleich transformiertes Raum- bzw. Sachindividuum, dem Einzelobjekte nach ihrer struktural-funktionalen Ähnlichkeit oder ihrem genetisch-verwandtschaftlichen Zusammenhang zugeordnet werden können.***

5.3.2.3. "Typ" als Mittel zur Konstituierung von Ordnungssystemen

Um diesen Bedeutungskern von "Typ" näher zu charakterisieren, ist vom Systembegriff auszugehen. Ein System stellt eine "geordnete Gesamtheit von materiellen oder geistigen Objekten" dar. "Ein allgemeines Verfahren zu ihrer Konstituierung besteht darin, die Objekte als Elemente oder Teilsysteme mit genau definierten

Eigenschaften aufzufassen; die unter der jeweiligen Gesamtheit von Objekten bestehende Ordnung bildet eine ebenfalls genau definierte *Struktur* des betreffenden Systemtyps" (LIEBSCHER 1983, S.881). Die systemanalytische Erfassung der landschaftlichen bzw. territorialen Strukturen und Prozesse wird gegenwärtig immer mehr zu einem Grundanliegen der Geographie. "Systemdenken und systemanalytisches Herangehen ist daher vor allem nötig, um befruchtend auf den Forschungsprozeß einzuwirken und die problemgerechte Modellbildung zu gewährleisten" (G. SCHMIDT 1987, S.IX).
Über das Verhältnis "Typ" - "System" werden die wesentlichen taxonomischen Funktionen des Typbegriffs vermittelt. In historischer Sicht haben sich diese folgendermaßen differenziert entwickelt:

A: Verwendung des Typbegriffs zur Kennzeichnung einzelner Strukturebenen in disziplintaxonomischen Systemen

Tab. 12 und 13 (S.118/119 bzw. S.120/121) haben als sprachliche Entsprechungen für "Typ" u.a. ausgewiesen: Einheit, Varietät, Art, Subgenus, Klasse, Sippe, Stamm, Abteilung usw. Hierin zeigen sich vor allem Einflüsse des früher als in der Geographie ausgebildeten typologischen Feldes der Biologie.

Es hat immer wieder Versuche gegeben, die von LINNÉ im 18. Jahrhundert vorgelegte umfassende Systematik der Pflanzen, Tiere und Mineralien auch als Vorbild für eine grundlegende geographische Taxonomie zu nutzen.
Hinzuweisen ist hier auf den RITTER-Schüler G. A. v. KLÖDEN, der im Jahre 1875 ein "natürliches System der Geographie" skizzierte, gegliedert in folgende Ebenen:

- Klassen (insgesamt 6, z.B. polare Regionen):
- Gattungen oder *Typen* (z.B. Polarmeer, Polarland);
- Arten oder Individuen (z.B. Nordsibirisches Meer, Grönland).

Ein weiteres Beispiel für LINNÉsches Systematisierungsdenken in der Geographie bietet PASSARGE mit seinem 1912 vorgelegten "System der idealen monodynamischen Einzelformen" (S.196 ff.); er unterscheidet darin folgende Ebenen:

- *Typus*: Größte Formengebiete (= Landformen; Küstenformen);

- Klasse: Formen der Hauptkraftgruppen (= endogene Formen; exogene Formen);
- Ordnung: Formen der größten Unterabteilungen der Klasse (z.B. vulkanische Formen);
- Familie: Formen der kleinsten Unterabteilung der Ordnung (z.B. Intrusionen, Eruptionsformen);
- Gattung: Formengruppe *einer* Kraft (z.B. Intrusionen ohne/mit Formveränderungen; explosive/effusive Aufschüttungen);
- Spezialformen: Kleinste selbständige Formen (z.B. Lakkolithe; Maare, Stratovulkane; Decken).

Zusammen mit dem "System der idealen monodynamischen Landschaftsformen", in welchen Typen (Landschaftstypen) ebenfalls die oberste Stufe einnehmen, betrachtet PASSARGE diese Gliederung als das Grundgerüst einer Wissenschaft, die er "Systematische Morphologie" nennt (a.a.O., S.131).
Im Jahre 1935 hatte MAURER mit seiner Schrift "Ebene Kugelbilder. Ein Linnésches System der Kartenentwürfe" versucht, die Kartenprojektionslehre nach Stämmen, Klassen, Familien bzw. Ästen, Zweigen zu systematisieren.
Es gehört zu den Eigenheiten des LINNÉschen Systems, daß der terminologische Bedarf, den die notwendige Kennzeichnung der verschiedenen Ordnungsstufen hervorrief, durch Kategorien abgedeckt wurde, deren ursprünglich weitgefaßter Bedeutungsinhalt per Definition stark reduziert, adaptiert bzw. "künstlich" hierarchisiert werden mußte (Klasse, Ordnung, Familie, Gattung, Art usw.). Wie das KLÖDENsche und das PASSARGEsche Schema demonstrieren, wurde "Typ" dort kategorial sehr willkürlich eingestuft, einerseits auf "mittlerer Ebene" (Gattung), im anderen Falle als Spitze der Ordnungspyramide. Vor allem bei PASSARGE ist erkennbar, daß die unmittelbare Beziehung "Individuum" - "Typ" aufgehoben wurde. Es besteht nur eine indirekte Vermittlung über viele andere Ordnungstufen. Von einer typologischen Arbeitsweise im kreativen, heuristisch fruchtbaren Sinne kann hier nicht mehr die Rede sein - wohl ein Grund dafür, daß sich das Arbeiten mit Typen in der Geographie schließlich völlig anders orientierte. "Typ" hat sich als ein universales Ordnungsmittel durchgesetzt, das nicht auf bestimmte geographische Systematisierungsebenen oder -felder eingeengt werden darf. Die erwähnten

Beispiele von v. KLÖDEN und PASSAGE lehren, daß "Typ" nicht ohne weiteres mit Klassenbezeichnungen (Klasse, Gattung, Art usw.) gleichgesetzt werden sollte. Sie mahnen aber auch, selbst weithin übliche Typverwendungen auf methodologisch und bedeutungsmäßig ungerechtfertigte Einengungen zu überprüfen. So war die jahrzehntelange Gegenüberstellung von "Bodentypen" und "Bodenarten" methodologisch fragwürdig, klammerte sie doch typologisches Herangehen z.B. auf der Grundlage des die Bodenarten hauptsächlich kennzeichnenden Merkmals "Korngrößenzusammensetzung" weitgehend aus. Auch die gelegentlich zu findende Einengung der Bezeichnung "Gemeindetyp" auf Belange der Siedlungstypologie ist zu überdenken (vgl. dazu z.B. ROUBITSCHEKs "agrargeographische Gemeindetypen" 1969).

B. Formierung von Typkonstrukten zu typologischen Systemen

Der Zusammenschluß von Einzeltypen zu Typologien (= typologischen Systemen) als historischer Prozeß ist bereits verschiedentlich angesprochen worden. Aus Typen können also eigenständige Ordnungssysteme aufgebaut werden und durch entsprechende Benennungen fachsprachliche Stützung erfahren.

Die Grundlage für die Formierung von *Typologien* ist die Anwendung der Prinzipien der

- ***Koordination*** (Nebeneinanderstellung, Reihung; Typenreihe) und
- ***Subordination*** (Unterordnung, Typenhierarchien).

Hierbei entsteht das Problem der klassifikatorischen Abgrenzung von Zuordnungsbereichen. Größte logische Schärfe wird dann erreicht, wenn diese Bereiche sich nicht überschneiden, d.h. die Abgrenzung gegeneinander definiert und damit eine eindeutige Zuordnung jedes in Frage kommenden Individuums zu einem der Typen gewährleistet ist. Besondere Realitätsnähe kann dann gewahrt werden, wenn Typologien von Individuenmengen her stufenweise aufgebaut werden. Die konsequent klassifikatorische Handhabung der Koordination und Subkoordination führt dazu, daß sich im Prinzip ein Typ aus den Parametern der anderen und ihrer Klassen ableiten läßt, d.h. außenbestimmt ist. Dabei ist es schließlich unerheblich, ob einem Typ größere oder kleinere Individuenmengen, nur ein Individuum oder überhaupt keines ("Leerklassen") zugeordnet werden. Ob die Bezeichnungen "Monotyp" (bes. in der Biologie), "Einzeltyp" oder "Individualtyp" (vgl. LEYKAUF u. SCHRAMM 1981, S.119) für nur mit einem Vertreter besetzte Typen glücklich sind, müßte diskutiert werden. Sicher ist, daß "Typ" und "Individuum" nicht vermengt werden dürfen. Tritt nur ein einziges Individuum bei einem Typ und seiner Klasse auf, so kann es nicht automatisch zum Typ selbst werden.

Ebenfalls schon in den Bereich der Methodenkritik fällt die Frage der Formalisierbarkeit und Operationalisierung des Typbegriffs.Hier hat es von geographischer Seite her disziplinübergreifend wichtige Beiträge gegeben (vgl. KUGLER 1974; THÜRMER 1983, 1985). Hervorzuheben ist in diesem Zusammenhang die MARGRAFs Arbeit "Quantitative Analyse hierarchischer Strukturen" (1987), die auch die geographische Typologieforschung auf qualitativ neue Grundlagen stellt. MARGRAF geht von drei grundlegenden Strukturformen aus (Kausal-, Äquivalenz- bzw. Ähnlichkeitsstrukturen und hierarchische Strukturen) und differenziert unter letzteren nach Systemhierarchien, Steuerungs- und Leitungshierarchien sowie systematisierenden Hierarchien. Seine Hauptziele bestehen "in der mathematisch-rechentechnischen Umsetzung methodologischer Überlegungen für eine zielgerichtete Strukturanalyse" und im Aufzeigen konkreter räumlicher Realisierungen hierarchischer Organisationsprinzipien im Territorium (S.2). In Anschluß an seine Bemerkungen zur Relativierung hierarchischer Strukturen (S.47-49) stellt sich auch für Typologien die Frage, in welchem Maße regelmäßige, starre, strenge Hierarchien der Wirklichkeit entsprechen und in welcher Weise Toleranz- und Überlappungsbereiche formalisiert sowie mit den Mitteln der mathematischen Statistik und Wahrscheinlichkeitsrechnung beherrscht werden können. Die objektiv-real vorhandenen Objektstrukturen, über denen Typologien gebildet werden, können erhebliche Unterschiede hinsichtlich des Umfangs oder des Grades bzw. Ausmaßes der hierarchischen Organisiertheit wie in ihrer Organisiertheit überhaupt aufweisen. Solche Unterschiede struktureller Organisiertheit sind in einer Arbeit des Vf. konkret-fallbezogen untersucht und im Ergebnis zur "Schätzung regionaler Parameter mittels faktorenanalytischer Gemeindetypisierung - dargestellt an einem

Beispiel der Gemüseversorgung im Bezirk Schwerin" genutzt worden (WOLLKOPF 1977).

Die hier angerissenen und gegenwärtig in der methodologischen Diskussion zum Typproblem hervortretenden Aspekte spiegeln sich im -typ-Wortgut verständlicherweise höchstens konturenhaft wider. In Tab. 12 und 13 (S.118/119 u. S.120/121) wurden verschiedene Wortbildungen erfaßt, die die Formierung von Typologien nach dem Koordinations- und Subordinationsprinzip wissenschaftssprachlich kennzeichnen (Element, Glied, Zwischenglied, Abteilung usw.; Mittel-, Misch-, Zusatz-, Zwischentyp; Haupt-, Neben-, Ober-, Unter-, Sub-, Leit-, Begleit-, Fein-, Grobtyp usw.). Auch die in der Geographie fundamentale maßstäbliche Differenzierung findet gewissen Ausdruck (Groß-, Mikro-, Kleinsttyp).

C. Bausteinartige Verwendung des Typbegriffs für theoretische Systeme

Der Hauptstrom der Entwicklung der geographisch-typologischen Arbeitsweise führte von sporadischen, punktuellen Typverwendungen über die bewußt-methodische Bildung von Typen in allen wichtigen erdkundlichen Forschungsgebieten zu zahllosen typologischen Systemen unterschiedlichster Beschaffenheit und auch unterschiedlichsten Aussagewertes. Charakteristisch für den gegenwärtigen Gesamtentwicklungsstand des Faches ist immer noch, daß es eine Massenproduktion von Typologien mit zumeist geringer oder fehlender theoretischer Koordinierung bei häufiger Vernachlässigung allgemeiner Erkenntnisfunktionen gibt.

Aus diesem Blickwinkel sind Ansätze besonders zu beachten, bei denen die Typenbildung konsequent zum Erreichen höherrangiger Erkenntnisziele "eingebaut" wird. Es ist hier nicht der Platz, dazu eine systematische methodenkritische Abhandlung zu geben. Deshalb mag es bei einigen wenigen Beispielen bleiben.

In ihrem theoretischen Konzept geht die von NEEF initiierte *physisch-geographische Landschaftsforschung* davon aus, daß die typologische Arbeitsweise ein unentbehrliches methodologisches Ingredienz aller geographischen Teildisziplinen darstellt (HUBRICH 1976, S.136; vgl. auch NEEF 1967, S.76 ff.)[1] . Die Typenbildung ist allerdings - wie der gesamte Forschungsprozeß - an *geographische Dimensionen* oder Maßstabsbereiche gebunden: die topische, chorische, regionische und geosphärische bzw. planetarische Dimension (vgl. S.83). Eine durchgehende Typisierung durch alle Dimensionen nach gleichen Regeln und Merkmalen kann es nicht geben. "Wenn auch das eine oder andere Merkmal einer niederen Dimensionsstufe in eine höhere ´übernommen´ werden kann, so doch niemals in Form des ursprünglichen Parameters, sondern jeweils in dimensionsspezifischen Relationen und damit in einer anderen als der ursprünglichen Informationsqualität" (HUBRICH a.a.O.).

Typologien sind in diesem Konzept also prinzipiell als dimensionsspezifische Bausteine ausgelegt.

Die unterste Stufe der Hierarchie der naturräumlichen Ordnung ist die *topische Dimension*. Im Maßstabsbereich von etwa 1 : 5 000 bis etwa 1 : 25 000 gestattet die hier vorauszusetzende Homogenität der Areale "als Methode die streng naturwissenschaftliche qualitative und quantitative *Analyse* und damit die Klarlegung von Struktur und Wirkungsgefüge in jeder gewünschten Genauigkeit" (NEEF 1967, S.70). Der Arbeitsprozeß bewegt sich von der Elementaranalyse (Erkundung und Messung der einzelnen Geoelemente) über die Charakteristik von Partialkomplexen und ihre Typisierung (Morpho-, Pedo-, Klima-, Hydro-, Phytotypen) zur Komplexanalyse (Charakteristik des vertikalen Zusammenhanges der Partialkomplexe an einem bestimmten Standort), die zur Typisierung von topischen Geokomplexen, d.h. auf verschiedenen Integrationsebenen zur Bestimmung von Geo-, Physio- oder Ökotypen führt (vgl. NEEF, RICHTER u.a. 1973, S.18-20; HUBRICH 1974, S.168-169). Die Typenbildung in der topischen Dimension stellt sich als ein mehrgliedriger Vorgang dar, in dem die Stationen Typenansprache, Typensicherung, Typenquantifizierung, Definition der Typen und Typenverfeinerung bzw. Typenkorrektur eine Rolle spielen. Topologische Typen sind ohne arealmäßige

[1]Herrn Dr. habil. Heinz HUBRICH, Leipzig, danke ich für eine kritische Durchsicht dieses die Landschaftsforschung betreffenden Manuskriptteiles und verschiedene helfende Hinweise.

Bindung beschreibbar: als eine besondere Art von "Inventartypen"; als Typen "im vertikalen Zusammenhang" besitzen sie demzufolge keine Bindung an die regionale Taxonomie in der Geographie.

Erst in der *chorischen Dimension* tritt der geographische Raum unmittelbar in die Reihe der grundlegenden Wesenszüge und damit in die methodische Problematik ein. Die chorische Ebene besitzt folglich eine interne regionaltaxonomische Dimensionalität, die durch die vier Stufen der Nano-, Mikro-, Meso- und Makrochoren mit entsprechenden, voneinander unabhängigen Typenordnungen gekennzeichnet ist. Chorologische Typen stellen Verallgemeinerungen der gesamten heterogenen Inhalte einer Flächeneinheit dar; sie können als Inventartypen die beteiligten Bauglieder oder als Mosaiktypen die Verteilungsmuster chorischer Einheiten ausweisen (NEEF 1967, S.84 u. 87). Ziel der chorologischen Erkundung ist der Nachweis chorischer Geokomplexe (Geochoren), die typologisch-inhaltlich je nach Integrationsebene als Geotypen-, Physiotypen- oder Ökotypen-Gesellschaften gefaßt werden. Für die Typenbildung bei Geochoren sind feste Grundsätze erarbeitet worden (vgl.: Richtlinie ... 1985, S.17 ff.).
Die weiteren Dimensionen und ihre typologische Spezifik sollen hier - ebenso wie die Umsetzung des Konzeptes in der Forschungspraxis - nicht dargestellt werden (vgl. dazu u.a. HUBRICH 1985 u. Richtlinie ... 1985). Das Beispiel führt aber auch so vor Augen, wie konstruktiv und differenziert das typologische Arbeiten in das Grundkonzept der physisch-geographischen Landschaftsforschung eingepaßt ist, ohne prinzipiell in seinen heuristischen Entfaltungsmöglichkeiten eingeschränkt zu sein.
Auch in der ***sozialökonomisch-geographischen Forschung*** entwickeln sich theoretische Konzepte, die der Typenbildung fest umrissene Funktionen im Gesamtprozeß zuordnen und die schrittweise mit entsprechender empirischer Substanz ausgefüllt werden. Das gilt beispielsweise für das "*Modell Rekreationsgeographie*", mit welchem BENTHIEN (1981) die Konzeption der Greifswalder Forschungen zur Rekreationsfrage verdeutlicht hat. Ausgegangen wird dabei von einer bestimmten Grundstruktur gesellschaftlicher Erfordernisse (= Teilmodell A), auf der sich das Modell des real gegebenen territorialen Rekreationssystems aufbaut (= Rekreationsgeogra-

phisches Basismodell bzw. Teilmodell B). Die fachstrategischen Anforderungen und Ziele sind dann mit den Teilmodellen C (Rekreationsgeographische Forschungsfelder und Methoden) sowie D angeschlossen (Rekreationsgeographische Arbeitsergebnisse für die Weiterentwicklung des Faches und für die gesellschaftliche Praxis). Durch das Teilmodell C wurden die Klassifizierung und die Typisierung der Objekte als Erkenntnisstufen und zugleich bereits als synthetisierende Forschungsfelder in einen systemhaft-funktionalen Zusammenhang mit der Regionierung, der Modellierung und der rekreationsgeographischen Theoriebildung gestellt.

Der Trend, die typologische Arbeitsweise im komplexe Ordnungssysteme zu integrieren sowie unmittelbar zur Theoriebildung zu nutzen, scheint sich auch international in der Geographie zu verstärken. Damit können die isolierten, wenig koordinierten Formen des Typisierens zurückgedrängt werden. Gerade das Beispiel der Landschaftsforschung demonstriert, daß typologische Ansätze dann besonders effektiv sind, wenn sie sich an ein vorgegebenes taxonomisches Grundgerüst anlehnen können, das sie dann ausbauen, verfeinern und in seiner normativen Kraft verstärken helfen. Dieses Beispiel zeigt auch, daß die Einbeziehung typologischer Prinzipien in ein Theoriekonzept bedeutenden Terminologiebedarf erzeugt, was sich in einem entsprechenden Anwachsen einschlägiger -typ-Wortbildungskonstruktionen anzeigt.

Fassen wir das zum Punkt 5.3.2.3. ("Typ" als Mittel zur Konstituierung von Ordnungssystemen) Ausgesagte zusammen, so kann folgende Begriffskernbestimmung abgeleitet werden:

"Typ" ist ***eine als Systembaustein transformierte Kategorie oder Merkmalszusammenfassung, die der Eingliederung von Individuen bzw. von Objekten und Objektklassen in hierarchische Ordnungen unterschiedlichster Art und Zweckbestimmung dient***.

5.4. Definition des Typbegriffs

Werden die eben bestimmten und beschriebenen sieben Bedeutungskerne des Typbegriffs in Reihe betrachtet, erweist sich rasch, daß sie nicht gleichrangig nebeneinander stehen, sondern miteinander verknüpft, teilweise auch voneinander ableitbar sind.

Das betrifft bereits die beiden Hauptaspekte.

Typen ohne *Abbildungsfunktion* sind nicht vorstellbar; ***der Abbildaspekt besitzt also den Charakter einer obligatorischen Basisfunktion jeglicher Typenbildung.***

Die *Ordnungsfunktion* hingegen (d.h. die Zuordnungsfunktion gegenüber Individuen bzw. Objekten) kann bei Typen fehlen oder schwach ausgeprägt sein. Dafür lassen sich in begriffsgeschichtlicher Sicht - bei den konkreten Typverwendungen wie bei den Synonyma - Beispiele anführen. ***Beim Ordnungsaspekt handelt es sich um eine im wissenschaftlichen Gebrauch erworbene und qualifizierte Funktion*** (Prozeß der ***Taxonomisierung*** des Typbegriffs). Gerade der Ordnungsaspekt hat dem Typbegriff schließlich zu seiner weiten Verbreitung in den Wissenschaften verholfen. ***Die Ordnungsfunktionen stehen also nicht neben dem Abbildaspekt, sie bauen auf ihm auf.***

Die beim ***Abbildaspekt*** herausgeschälten vier Bedeutungskerne erscheinen als Glieder einer Entwicklung, die vom visuellen Erfassen auf niedrigem analytisch-synthetischem Niveau zu immer vollkommeneren Formen rationaler Durchdringung und Darstellung voranschreitet. Hier spiegeln sich in gewissem Sinne auch die von NEEF (1981) skizzierten historischen Prozesse des "Verlustes der Anschaulichkeit in der Geographie" wider:

Entwertung des Physiognomischen, Abbau des ästhetischen Aspektes, Aufspaltung der Geographie in getrennte naturwissenschaftliche und gesellschaftswissenschaftliche Bereiche, wachsende Rolle des Systemaspekts und notwendiger, aber wohl nicht ausschließlicher Weg vom Anschaulichen zum Formalen.

Der ***Ordnungsaspekt*** des Typbegriffs entfaltet sich vor allem von der Stufe des struktural-dimensionalen Abbildens her. Er vollendet sich im Bedeutungskern "'Typ' als Mittel zur Konstituierung von Ordnungssystemen"; die anderen beiden "Ordnungs-"Kerne können durchaus als Vorstufen wie als methodische Komponenten zur praktischen Realisierung dieses Bedeutungskerns aufgefaßt werden. Die sieben dargelegten Bedeutungsvarianten des Typbegriffs sind vom Boden der Geographie her ermittelt und fixiert worden. Diese Varianten in ihrer Verschiedenartigkeit und ohne eingehende methodenkritische Durcharbeitung zu einer Definition zusammenzufügen und damit die *Intension des Typbegriffs* umfassend zu bestimmen, ist schwierig, aber doch den Versuch wert.

Die *Definition* lautet:

Typen sind gedankliche Abbilder mit begrifflichem Status; als Repräsentanten einer Objektklasse und Merkmalssynthesen sind sie aus Objektvergleichen hervorgegangen und ermöglichen im wissenschaftlichen Erkenntnisprozeß durch Objekt- bzw. Strukturzuordnungen auf höheren Stufen der Abstraktion und Komplexität das Aufdecken raumbezogener Gesetzmäßigkeiten.

6. Zusammenfassende Gedanken zur Periodisierung der geographisch-typologischen Arbeitsweise

Das Bemühen der vorliegenden Studie konzentrierte sich darauf, hauptsächlich aus einem historisch-empirischen Ansatz heraus die Ausprägung geographisch-typologischer Determinationen zu verfolgen. Das impliziert abschließend die Frage nach einer *Periodisierung* der festgestellten Prozesse.

Wie in Verbindung mit den Begriffskernen ausgeführt wurde, ist die Entwicklung der geographisch-typologischen Arbeitsweise unmittelbar an den Aufbau der geographischen Taxonomie gebunden. LÖTHER (1972b) hat den fundamentalen Zusammenhang zwischen Taxonomie und Typenbildung auch für die Biologie unterstrichen, und NATHO (1983, S.398) erkannte in der Entwicklung der ***botanischen*** Taxonomie vier Perioden:

- die ***deskriptive Periode*** (klass. Altertum bis 17. Jahrhundert);
- die ***morphologische Periode*** (17. Jahrhundert bis Mitte des 19.Jahrhunderts/Ch. DARWIN);
- die ***phylogenetische Periode*** (Mitte des 19. Jahrhunderts bis Anfang der 50er Jahre unseres Jahrhunderts);
- die ***holotaxonomische Periode*** (seit Beginn der 50er Jahre, mit ersten Anfängen in den 20er und 30er Jahren).

Nach der deskriptiven und der mit der Ausbildung sowie Überwindung des Urtypuskonzeptes verbundenen morphologischen Periode sieht NATHO bei dem phylogenetischen Zeitabschnitt folgende Prozesse und Ergebnisse:

Erstens: Die Morphologie einschließlich Anatomie bleibt die tragende Basis; Pflanzengeographie sowie Paläontologie treten hinzu und ermöglichen eine entwicklungsgeschichtlich-taxonomische Betrachtungsweise; eine Vielzahl von Vorschlägen für natürliche Systeme zur Erforschung und Erklärung bzw. Widerspiegelung der Verwandtschaftsbeziehungen wird erarbeitet; bei den meisten dieser Pflanzensysteme geht es darum, die Erkenntnisse möglichst vieler Disziplinen zu verwerten.

Zweitens: Den Übergang zur holotaxonomischen Arbeitsweise sieht NATHO gekennzeichnet durch das verstärkte Eindringen der Genetik in die Taxonomie und durch eine z.T. sehr enge Spezialisierung in der Taxonomie selbst, die sich in Arbeitsrichtungen bzw. -methoden ausdrückt, wie Zytotaxonomie, Chemotaxonomie, numerische Taxonomie usw. Mit fortschreitender Erkenntnis und Weiterentwicklung der Methodik wird der Merkmalskomplex eines botanischen Taxons (= einer Pflanzensippe) umfangreicher und der realen Sippenstruktur entsprechender.

In dem Bild, das hier von der Entwicklung biowissenschaftlicher Systematik gezeichnet wird, spiegeln sich auch allgemeine Züge der die Geographie betreffenden Taxonomieentwicklung und der mit ihr verknüpften Arbeitsweise wider. Das betrifft beispielsweise die Impulse, die im vergangenen Jahrhundert von der genetisch-kausalen Betrachtungsweise her wirkten und die zu einer Vielzahl von Systematisierungskonzeptionen für die geographische Substanz führten, ferner den sich in den letzten Jahrzehnten spürbar verstärkten Spezialisierungstrend, die immer mehr in den Vordergrund tretenden Probleme rationellerer systembezogener Informationsverarbeitung u.ä.m.
Für die Arbeit mit Typen lassen sich in der Geographie generell und zusammenfassend die vier folgenden Hauptetappen unterscheiden.

6.1. Die Vorphase (17. bis 18. Jahrhundert)

In dieser Phase wurden verschiedene Versuche unternommen, die Geographie als Fachgebiet zu strukturieren (VARENIUS, BERGMAN, GATTERER u.a.) und geographische Untersuchungsobjekte zu definieren. Es gab auch Ansätze zu einer vergleichenden Objektbetrachtung. Das Wort "Typ" spielte im Sprachschatz der Geographen über Gelegenheitsverwendungen hinaus noch keine Rolle.

6.2. Die Phase der Einführung und Terminologisierung des Wortes "Typ" in der Geographie (vom Anfang bis in die 80er Jahre des 19. Jahrhunderts)

Diese Phase wurde vor allem geprägt durch die Bemühungen der geographischen

Klassiker C. RITTER und A. v. HUMBOLDT, das erdräumliche Detailwissen ihrer Zeit zusammenzutragen, durch eigene Erkundungen zu ergänzen (A.v. HUMBOLDT) und in Darstellungen oft enzyklopädischen Charakters zugänglich zu machen. Weitgehend in der Tradition der klassischen Geographie standen später noch PESCHEL und PETERMANN. In diesem Zeitabschnitt formierte sich die Geographie als wissenschaftliche Disziplin mit definiertem Forschungsgegenstand und eigenen Systematisierungsansätzen, bei denen die sich in der zweiten Hälfte des 19. Jahrhunderts entwickelnde Geomorphologie schließlich den Schwerpunkt bildete. Der Bedarf an Ordnungskategorien mit spezifischen Funktionen war jedoch noch gering.

Beeinflußt vor allem durch Biologie und Sprachwissenschaft kam das Wort "Typ(us)" zu Beginn des 19. Jahrhunderts in den ständigen Gebrauch der Geographen. Es gewann erste terminologische Bedeutung als Kennzeichnungsmittel für einfaches ikonisches sowie physiognomisch-ganzheitliches Abbilden, auch zur Konstituierung von Typenreihen (A.v. HUMBOLDTs physiognomische Pflanzentypen, JUNGHUHNS morphologische Typen u.a.). Eine Rolle als definierter Terminus spielte "Typ(us)" während dieser Zeit in der Geographie noch nicht; seine Verwendung blieb sporadisch, wenig konsequent, oft auf eine Rolle als indifferentes Stilmittel im Wechsel mit vielfältigen Synonyma beschränkt. "Typ(us)" wurde vorwiegend als Simplex eingesetzt, war also kaum von Wortbildungsprozessen erfaßt. Logische und allgemeine methodische Grundgedanken zur Typenbildung gab es bereits (GOETHE, WHEWELL, MILL u.a.), sie fanden während dieser Zeit jedoch noch keine unmittelbare Umsetzung in der Geographie. Das Urtypuskonzept, das die früheste Form theoretisch-methodologischer Auseinandersetzung mit dem Typproblem darstellte und bis in die zweite Hälfte des 19. Jahrhunderts hinein Einfluß auf eine Reihe von Wissenschaften ausübte, wurde vor allem von C. RITTER aufgegriffen, gewann in der Geographie insgesamt aber nur schwache Resonanz.

6.3. Die Phase der Taxonomisierung des Typbegriffs und der breiten Entfaltung der typologischen Arbeitsweise in der Geographie (80er Jahre des 19. Jahrhunderts bis zu den 50er Jahren unseres Jahrhunderts)

In diesen Zeitabschnitt fallen tiefgreifende Spezialisierungstendenzen innerhalb der Geographie, die zur Polarität von Physischer und Anthropogeographie und darüber hinaus zur Ausgliederung von Fachgebieten (z.B. Geophysik, Völkerkunde) führten. Die Differenzierung begann noch im 19. Jahrhundert bei der Physischen Geographie und fand - zeitversetzt - zu Beginn des 20. Jahrhunderts in der Anthropogeographie ihre Fortsetzung. Der neue Entwicklungsabschnitt wurde durch fundamentale Arbeiten von SUPAN (1884), v. RICHTHOFEN (1886) und A. PENCK (1894) eingeleitet, die das Gesamtgebiet der Physischen Geographie unter dem Primat der Geomorphologie neu ordneten. Ähnliche Versuche umfassender Neuordnung gab es im Bereich der Anthropogeographie u.a. durch RATZEL ("Anthropogeographie", 2 Bde. 1882 u. 1891). Bedeutung für die Disziplinsystematik gewann in dieser Phase auch das namentlich in der deutschen Geographie verbreitete "länderkundliche Schema", das als Stoffgliederung einer sich schrittweise konstituierenden "Allgemeinen Geographie" angelegt war (vgl. FOCHLER-HAUKE 1959, S.271). Der Zeitraum von den 20er Jahren bis in die 50er Jahre kann weltweit in der Geographie als eine Periode des Ausbaues und der Konsolidierung der einzelnen geographischen Teildisziplinen charakterisiert werden.

Der erste entscheidende Schritt von der sporadischen Verwendung zum bewußt-methodischen Einsatz des Typbegriffs als geographische Ordnungskategorie wurde in v. RICHTHOFENs "Führer für Forschungsreisende" (1886) getan; "Typus" erscheint hier gehäuft in unterschiedlichen inhaltlichen Zusammenhängen der Geomorphologie, wird koordiniert wie auch subordiniert (hierarchisch) gebraucht und auffällig stark bereits in Wortbildungskonstruktionen einbezogen. Die durch v. RICHTHOFEN mitbegründete kausalgenetische Betrachtungsweise öffnete letztlich den Weg dazu, Typen als Merkmalskombinationen ("Prinzip der reinen Typen") und Mittel des struktural-dimensionalen Widerspiegelns von Objekten bzw. Ob-

jektklassen einzusetzen und die typologische Arbeitsweise disziplinweit als Forschungsmittel zu verbreiten. Von diesem methodologischen Ausgangspunkt her bewirkte der Prozeß der geographischen Taxonomisierung des Typbegriffs, d.h. der Prozeß seiner gezielten Anwendung auf geographische Ordnungssysteme, eine sprunghafte Zunahme der Typverwendungen, die Ausweitung des Typenbildens auf alle wesentlichen Forschungsfelder der Geographie und eine Vielzahl von Ordnungsvorschlägen in Gestalt oft sehr verzweigter, hierarchisch strukturierter Typologien. In Verbindung mit ähnlichen Entwicklungen in anderen vergleichbaren Wissenschaften kam es zu einer raschen Entfaltung von Wortbildungsaktivitäten, die die geographische Terminologie schließlich vielfältig bereicherten und zugleich nachhaltig umgestalteten. Versuche, den Typbegriff auf eine bloße Ordnungsstufenbezeichnung oder auf inhaltlich determinierte Merkmalskonstellationen einzuengen, erwiesen sich in einzelnen Forschungsfeldern als praktisch, jedoch im Gesamtrahmen der geographischen Methodologie als nicht fruchtbar.
Die Terminologisierung und Taxonomisierung des Typbegriffs setzte sich als Prozeß international in der Geographie durch - trotz so unterschiedlicher Forschungsansätze, wie sie etwa von russischen bzw. sowjetischen, angelsächsischen, französischen oder skandinavischen Geographen ausgebildet worden waren. Zunehmend wurde das Typproblem zum Gegenstand der Reflexion in zahlreichen Fachwissenschaften und auch in der Philosophie (vgl. KRETZSCHMER 1921, HEMPEL u. OPPENHEIMER 1936 und die zahlreiche bei TERTON/ 1973/ zitierte Literatur). In der Geographie setzte die theoretisch-methodologische Beschäftigung mit der Typenbildung im wesentlichen in den 90er Jahren des vorigen Jahrhunderts mit Arbeiten HETTNERs und PHILIPPSONs ein. Der Finne J. G. GRANÖ - um Beispiele zu nennen - untersuchte im Jahre 1935 in seinem Aufsatz "Geographische Ganzheiten" die "typologisch betonte Synthese" und das Verhältnis von Individuen und Typen in der Geographie, und LAUTENSACH gelangte 1953 zur ersten umfassenderen Analyse der geographisch-typologischen Arbeitsweise.

6.4. Die Phase holotaxonomisch-typologischer Durchdringung des geographischen Erkenntnisprozesses (etwa seit 1950)

Diese jüngste Phase ist schwer zu fassen; die entscheidenden neuen Qualitäten erscheinen zur Zeit überwiegend erst im Ansatz, keineswegs schon als Dominanten. Das erste wesentliche qualitative Moment ist die Ausprägung einer *Systemkonzeption* in der Geographie. BARTELS (1970, S.27-29) setzt den Beginn einer "choristisch-chorologischen Systemforschung" um das Jahr 1950 an. Nach SOČAVA (1974, S.161) kann erst seit Beginn der 60er Jahre von einer Systemkonzeption in der Geographie gesprochen werden, "als sich Möglichkeiten herausstellten, geographische Erscheinungen vom Standpunkt der Theorie offener Systeme zu behandeln". Der Systembegriff sei zwar den Geographen schon weit in der Vergangenheit vertraut gewesen, doch haben sie "praktisch überwiegend lineare Kausalzusammenhänge untersucht. Das gehört zwar in gewissem Maße zur Systemanalyse, erschöpft sie aber keineswegs und gewährleistet weder eine Systembehandlung des Objekts noch die erforderliche Effektivität der Ergebnisse". SOČAVA sagte voraus, daß das Systemparadigma allem Anschein nach eines der fruchtbringendsten Paradigmen der zweiten Hälfte des 20. Jahrhunderts werden wird und daß offenbar noch zwei bis drei Jahrzehnte vergehen, "bis das Systemprinzip seine volle Entwicklung erreicht und in der Tat allgemeinwissenschaftliche Bedeutung erlangt hat" (a.a.O.). In der Konsequenz bedeutet das eine völlig neue Organisation des geographischen Wissens, die sich an komplexen Problemen, an der logisch-strukturellen Einheit der Geographie orientiert und dabei die seit dem vergangenen Jahrhundert ausgebildete Aufgliederung in geographische Teildisziplinen mit ihren spezifischen Taxonomien und Terminologien überwindet.
Diese von SOČAVA aufgestellte Hypothese zur künftigen Entwicklung der Geographie kann zur Zeit natürlich nicht überprüft werden. Wohl aber lassen sich einige Tendenzen erkennen, die die wachsende Integration des geographischen Wissen bestätigen.
Hier ist als neues qualitatives Moment die bereits angesprochene (S.84) Profilierung im inhaltlichen Bereich, Geographie als integrierende Umweltwissenschaft, zu nennen.

Eine weitere qualitative Komponente liegt, ähnlich wie von NATHO für die Biowissenschaften beschrieben, in einer sich nach und nach deutlicher konturierenden "*Holotaxonomisierung*" der Geographie, die auf die logisch-strukturelle Einheit ihres systematischen Grundgerüstes zielt. Dafür liegt ein zunächst äußerliches Indiz in dem offensichtlich wachsenden Interesse an den klassischen Verteilungsmodellen und Standorttheorien, die sich an die Namen v.THÜNEN, A. WEBER, CHRISTALLER, LÖSCH u.a. knüpfen. Wesentlicher aber sind die aktuellen Bemühungen zur Entwicklung einer allgemeinen Raumtaxonomie. Diese hatten mit HAGGETTs "Locational Analysis in Human Geography" (1965) eine erste Zusammenfassung für den gesellschaftsbezogenen Zweig der Geographie erfahren. Neuere Positionen sind u.a. von M. M. FISCHER (1978, 1982a u. b) entwickelt worden. Die Dimensions- und Landschaftslehre NEEFs besitzt ebenfalls einen über die Physische Geographie hinaus bedeutsamen raumtaxonomischen Kern.

Es ist davon auszugehen, daß ein übergreifendes Systemkonzept der Geographie vor allem von einer allgemeinen Raumtaxonomie her aufgebaut werden muß, in das dann Sachtaxonomien und die entsprechenden Problemstrukturen einzubetten sind. Eine solche allgemeine Raumtaxonomie könnte nicht zuletzt die Aufgaben und Stellung der Geographie in der Perspektive eines gesamtwissenschaftlichen Systemkonzeptes fundieren helfen.

Ein ebenfalls neues qualitatives Moment wird durch die "*quantitative Revolution*" und ihre Begleit- wie Folgewirkungen in die moderne Entwicklung der Geographie hineingetragen. Vor allem seit den 60er Jahren zeigen sich hier deutlichere Züge der Mathematisierung. Die Mathematik erweist sich als "ein entscheidendes (ideelles) Mittel zur theoretischen Beherrschung" des Fachgegenstandes (PAUL 1979, S.52). Dabei geht es natürlich nicht allein um die Aufbereitung und mathematische Bearbeitung des anfallenden Datenmaterials.
Vielmehr stellen sich an die Explikationsschärfe der Begriffe und den Reifegrad der anzuwendenden Theorien, der sich in deren Systemcharakter und Axiomisierbarkeit ausgedrückt, besondere Anforderungen (vgl. WENDT 1976, S.188). Auch unter diesem Aspekt wird der Trend zur Herstellung der logisch-strukturellen Einheit der Geographie zwingend unterstützt. Außerdem ist der völlig neue Cha-

rakter der interdisziplinären Wissenschaftskooperation auf der Basis der Mathematisierung zu berücksichtigen.

Vor diesem Hintergrund der sich teils bereits vollziehenden, teils noch zu erwartenden Umgestaltung der Wissenschaften und damit auch der Geographie lassen sich für die ***langfristige Perspektive der raumwissenschaftlich-typologischen Arbeitsweise*** folgende Grundgedanken ableiten.

Das Gewicht der geographisch-typologischen Arbeitsweise wird in dem Maße zunehmen, wie sie auf die neuen Bedingungen des wissenschaftlichen Erkenntnisprozesses abgestimmt wird.

Ihre Entwicklungsbasis bildet der objektiv stark anwachsende Ordnungsbedarf, bei dem nicht allein klassifikatorisches Einteilen und Zuordnen, sondern mehr und mehr die systemtheoretisch fundierte Strukturierung und effektivere Beherrschung der gedanklichen Synthese in den Vordergrund treten. Die Vorzüge des nach Maßstäben der Wissenschaftsgeschichte über einen sehr langen Zeitraum gebrauchten Typbegriffs liegen bei der sich in ihm manifestierenden ***Einheit von objektnaher Abbildungs- und Ordnungsfunktion, von Begriff und Methode, von Analyse und Synthese.***

Die erkenntnisfördernde Funktion, Effektivität und "Schlagkraft" der geographisch-typologischen Arbeitsweise werden in dem Maße zu steigern sein, wie es gelingt, die zentrale Frage einer allgemeinen Raumtaxonomie, das Problem der geographischen Bezugseinheiten, im Sinne einer Vereinheitlichung und Normierung zu lösen.

Im Unterschied zu anderen Wissenschaften, die ihre grundlegenden Bezugsobjekte relativ klar abgegrenzt "vorfinden" (Biologie: Organismen; Sprachwissenschaft: Wörter), muß die Geographie ihre Bezüge erst per Abstraktion herausfiltern; ihr Forschungsgegenstand stellt sich insgesamt als erdräumliches Kontinuum dar. Gelingt es, die geographisch-typologischen Aktivitäten stärker im Rahmen eines solchen "holotaxonomischen" Bezugssystems bzw. einer geographischen Raumtaxonomie zu konzentrieren, so kann damit der gegenwärtig noch zu beobachtenden Aufsplitterung oder Isoliertheit vieler typologischer Ansätze wirksamer begegnet werden; auch deren Verallgemeinerungsfähigkeit ist dadurch zu verbessern.

Für die Erkundung von Raumstrukturen spielen das auf Messen beruhende Be-

obachten und die statistische Informationsverarbeitung eine immer größere Rolle. Die geographische Typenbildung, die sich in der Vergangenheit zunehmend als struktural-dimensionales Widerspiegeln und Ordnen ausgeprägt hat, wird in der Anwendungspraxis eine noch stärkere Verlagerung von verbalen zugunsten metrisch-dimensionaler Merkmalssynthesen erfahren. ***Ein starker Trend geht zum rechnergestützten Typisieren.*** Inwieweit sich rechnergestütztes Typisieren - in Parallele zur Biologie (vgl. LEUSCHNER 1974, NATHO 1983) - über eine "geographische Taxometrie" bzw. numerische Taxonomie als spezielle Arbeitsrichtung zweckmäßiger entwickeln läßt, mag hier dahingestellt bleiben.
Was die Intension des Typbegriffs anbetrifft, so konnte in der vorliegenden Studie für die Geographie eine quasi stufenartige Herausbildung mehrerer Begriffskerne festgestellt werden. Zwischen diesen Begriffskernen hat es im historischen Entwicklungsprozeß Ablöseerscheinungen und Rangverschiebungen gegeben. Gegenwärtig zeigt sich unter dem Primat des struktural-dimensionalen Widerspiegelns sowie der Funktion der Individueneinordnung in hierarchische Systeme ein hoher Integrationseffekt. Dieser Effekt schließt sogar die "Wiederbelebung" alter Bedeutungskerne ein, wie das für das ikonisch-physiognomische Typisieren in Verbindung mit neuen Techniken (Geofernerkundung, Objekt- bzw. Zeichenerkennung) und dabei auszuübenden spezifischen Ordnungsfunktionen zu beobachten ist.

Die extensionale Seite des Typbegriffs impliziert die ***Frage nach der weiteren Ausbreitung der geographisch-typologischen Arbeitsweise. Gegenwärtig stellt sich dieses Problem stärker von der Qualität als von der Quantität her.*** Wie mit der PGM-Analyse gezeigt werden konnte, verfügen alle wesentlichen Forschungsbereiche der Geographie über typologische Aktivitäten. Sehr unterschiedlich ist hingegen die Struktur der betreffenden typologischen Teilfelder. Hinsichtlich ihrer Geschlossenheit, Stabilität und der Ausprägung typologischer Leitbegriffe weichen sie erheblich voneinander ab; kaum vorstellbar ist, daß es in der Geographie gut oder weniger gut für die Typenbildung geeignete Teildisziplinen gibt. Aus der Sicht notwendig wachsender Integration des geographischen Wissens ***stellt sich vielmehr die Aufgabe einer tiefergehenden analytischen wie typologischen Erschließung einzelner Forschungsgegenstände*** - vor allem offensichtlich in der Sozialökonomischen Geographie.

Ein wesentliches Kennzeichen der holotaxonomisch-typologischen Durchdringung des geographischen Erkenntnisprozesses schließlich ist, ***daß Typenbildung und Fachterminologie wie auch Typenbildung und geographische Methodenlehre in einen engeren funktionalen Zusammenhang treten***. Das Beispiel der physisch-geographischen Landschaftsforschung zeigt, in welchem Ausmaß sich bei einer integrierenden, taxonomisch durchgearbeiteten Betrachtungsweise neue Begriffsdefinitionen und -explikationen sowie darauf basierende Wortbildungsaktivitäten ergeben können. Es zeigt auch, wie kompliziert und vielstufig der Weg "von oberflächlichen Typisierungen bis zu wesentlicheren" ist (VOIGT 1983, S.942).

LITERATURVERZEICHNIS

(Vorbemerkung: Die wichtigsten verwendeten Wörterbuchquellen deutscher Sprache sind in Tabelle 1, S.16/17, zusammengestellt)

ALAEV, E.V.: Ekonomiko-geografičeskaja terminologija. - Moskva 1977

ALAEV, E.V.: Social'no-ekonomičeskaja geografija: Ponjatijno-terminologičeskij slovar'. - Moskva 1983

ALBRECHT, E.: Sprache und Erkenntnis: Logisch-linguistische Analysen. - Berlin 1967

ALBRECHT, E.: Sprache und Philosophie. - Berlin 1975

BARTELS, D.: Einleitung. - In: Wirtschafts- und Sozialgeographie. - Köln-Berlin 1970, S.13-45

BAUMANN, U.: Psychologische Taxometrie. - Bern-Stuttgart-Wien 1971

BECK, H.: Geographie und Reisen im 19. Jahrhundert. - In: Petermanns Geogr.Mitt. - Gotha **101**(1957)1, S.1-14

BECK, H.: Die Streitfälle Fröbel - Ritter und Peschel - Klöden. - In: Petermanns Geogr.Mitt. - Gotha **105**(1961)2, S.105-118

BECKER, W.: Vom alten Bild der Welt: Alte Landkarten und Stadtansichten. - Leipzig 1969

BENSELERs Griechisch-deutsches Wörterbuch. - 18.Auflage, Leipzig 1985

BENTHIEN, B.: Theorie und Praxis der Rekreationsgeographie - dargestellt in einem Modell. - In: Wiss.Z.Univ.Greifswald, Math.-nat.R. - Greifswald **30**(1981)1, S.43-48

BIERMANN, K.-R.: Alexander von Humboldt. - 2., durchges. Aufl., Leipzig 1982

Bilaterale Arbeitstagungen DDR/VR Polen 1973 und VR Polen/DDR 1976 zur Quartärforschung und zu deren Anwendung. Arbeitsentschließungen (Auszüge). - In: Petermanns Geogr.Mitt. - Gotha-Leipzig **118**(1974)3, S.199-201 u. **121**(1977)2, S.135-136

BLUMENTHAL, A.v.: Typos und Paradeigma. - In: Hermes. - Berlin **63**(1928)4, S.391-414

BOHNE, W.: Die Insel Nauru als Typus eines korallogenen Phosphatlagers. - In: Petermanns Geogr.Mitt. - Gotha **72**(1926)3-4, S.52-59

BREUER, T.: Die Steuerung der Diffusion von Innovationen in der Landwirtschaft: Dargestellt an Beispielen des Vertragsanbaus in Spanien. - Düsseldorfer Geogr. Schriften, H.24. - Düsseldorf 1985

DOMAŃSKI, R.: Typological procedure in economic-geographical research. - In: Geographia Polonica. - Warszawa **7**(1965), S.17-27

DROZD, L: Grundfragen der Terminologie in der Landwirtschaft (1964). - In: Wege der Forschung, Bd.498. - Darmstadt 1981, S.114-171

DUCHAČEK, O.: Über verschiedene Typen sprachlicher Felder und die Bedeutung ihrer Erforschung. (1968). - In: Wege der Forschung, Bd.250. - Darmstadt 1973, S.436-452

Das Gesicht der Erde. - Brockhaus Nachschlagewerk Physische Geographie. - 2.neubearb.Aufl., Leipzig 1962. - 6. Aufl., Leipzig 1984

Der Große Duden. - 16. Aufl., Leipzig 1970. - 20. Aufl., Leipzig 1979. - 3., durchges. Aufl. der 18. Neubearb., Leipzig 1987

Deutsches Wörterbuch von Jacob und Wilhelm Grimm. - Bd. 11, I.Abt/II.Teil (Treib-Tz). - Leipzig 1952

Die Wissenschaft von der Wissenschaft. - Berlin 1968

FASMER, M. (= VASMER): Etimologičeskij slovar' russkogo jazyka. - 4 Bde., Moskva 1964-1973

FISCHER, M.M.: Theoretische und methodische Probleme der regionalen Taxonomie. - In: Bremer Beiträge zur Geographie und Raumplanung, H.1. - Bremen 1978, S.19-50

FISCHER, M.M.: Eine Methodologie der Regionaltaxonomie: Probleme und Verfahren der Klassifikation und Regionalisierung in der Geographie und Regionalforschung. - Bremer Beiträge zur Geographie und Raumplanung, H.3. - Bremen 1982a

FISCHER. M.M.: Zur Entwicklung der Raumtypisierungs- und Regionalisierungsverfahren in der Geographie. - In: Mitt. der Österr. Geogr. Gesellschaft. - Wien **124**(1982b), S.5-27

FOCHLER-HAUKE, G.: Biogeographie. Logisches System der Geographie. - In: Allgemeine Geographie. Das Fischer Lexikon. - Frankfurt a.M. 1959, S.86-88, S.267-272

FOREL, F.A.: Handbuch der Seenkunde: Allgemeine Limnologie. - Stuttgart 1901

Fremdwörterbuch. - 9., verb. u. erw. Auflage, Leipzig 1965

GATTERER, J.C.: Abriß der Geographie. - Göttingen 1775

Geologisches Wörterbuch. - 6. erg. u. erw. Auflage, Stuttgart 1972

Geschichte der Biologie: Theorien, Methoden, Institutionen, Kurzbiographien. - 2., durchges. Aufl., Jena 1985

Geschichte des wissenschaftlichen Denkens im Altertum. - Berlin 1982

GLAUERT, G.: Anthropogeographie. - In: Allgemeine Geographie. Das Fischer Lexikon. - Frankfurt a.M. 1959, S.55-67

GOETHE, J.W.v.: Werke in 12 Bänden. - Berlin u. Weimar 1966

GRANÖ, J.G.: Geographische Ganzheiten. - In: Petermanns Geogr.Mitt. - Gotha **81**(1935)9-10, S.295-302

Grosses vollständiges Universal-Lexicon aller Wissenschafften und Künste ... . - Verlegt von J.H.Zedler. 64 Bde., 4 Suppl. - Leipzig u. Halle 1732-1754

GÜNTHER, S.: Varenius. - Leipzig 1905

HAASE, G.: Zur Ausgliederung von Raumeinheiten der chorischen und der regionischen Dimension - dargestellt an Beispielen aus der Bodengeographie. - In: Petermanns Geogr.Mitt. - Gotha-Leipzig **117**(1973)2, S.81-90

HAGGETT, P.: Locational Analysis in Human Geography. - London 1965

HARVEY, D.: Explanation in Geography. - London 1969

HAUCK, P.: Immanuel Kant als Geograph. - In: Petermanns Geogr.Mitt. - Gotha - Leipzig **124**(1980)4, S.263-274

HEGEL, G.W.F.: Sämtliche Werke. - 20 Bde. u. 6 Zusatz-bde.. - 3. Aufl., Stuttgart 1949-1959

HEGEL, G.W.F.: Ästhetik. - 2 Bde.. - Berlin u. Weimar 1976

HEINZMANN, J.: Zur Berücksichtigung von Innovationstheorien in der industriegeographischen Forschung der DDR. - In: Petermanns Geogr.Mitt. - Gotha **131**(1987)3, S.171-176

HEMPEL, C.G., u. P.OPPENHEIM: Der Typusbegriff im Lichte der neuen Logik: Wissenschaftstheoretische Untersuchungen zur Konstitutionsforschung und Psychologie. - Leiden 1936

HERZ, K., u. G.MOHS, D.SCHOLZ: Analyse der Landschaft. Analyse und Typologie des Wirtschaftsraumes. - Studienbücherei Geographie für Lehrer, Bd. 6. - Gotha - Leipzig 1980

HETTNER, A.: Die Typen der Land- und Meeresräume. - In: Ausland. - Stuttgart (1891). Nr.23, S.444-448. Nr.24, S.470-474

HETTNER, A.: Die wirtschaftlichen Typen der Ansiedelungen. - In: Geogr. Zeitschr.. - Leipzig **8**(1902)2, S.92-100

HETTNER, A.: Das Wesen und die Methoden der Geographie. - In: Geogr. Zeitschr.. - Leipzig **11**(1905)10, S.545-564. 11, S.615-629. 12, S.671-686

HEYDE, J.E.: Typus: Ein Beitrag zur Bedeutungsgeschichte des Wortes Typus. - In: Forschungen und Fortschritte **17**(1941)19-20, S.220-223

HORN, W.: Die Typometrie, ein vergessenes Verfahren der Kartenherstellung. - In: Petermanns Geogr.Mitt. - Gotha **92**(1948)2, S.90-97

HUBRICH, H.: Zur Typenbildung in der topischen Dimension. - In: Petermanns Geogr.Mitt. - Gotha - Leipzig **118**(1974)3, S.167-172

HUBRICH, H.: Zur Typisierung in der geographischen Landschaftsforschung. - In: Petermanns Geogr.Mitt. - Gotha-Leipzig **120**(1976)2, S.136-140

HUBRICH, H.: Bildung und Kennzeichnung von Geokomplexformen nach ihrer Vertikalstruktur. - In: Strukturen und Prozesse im Wirtschafts- und Naturraum - Fallstudien. Beiträge zur Geographie, Bd.32. - Berlin 1985, S.157-212

HÜLLEN, H.: Archetypus. - In: Historisches Wörterbuch der Philosophie. - Basel-Stuttgart 1971, Bd.1, S.498-499

HUMBOLDT, A.v.: Ideen zu einer Physiognomik der Gewächse. -
(a) Ausgabe 1806. - Ostwalds Klassiker der exakten Wissenschaften, Nr.247. - Leipzig 1959
(b) Überarb. Fassung v. 1849. - In: Humboldt, A.v.: Ansichten der Natur. - Berlin 1959

HUMBOLDT, A.v.: Ideen zu einer Geographie der Pflanzen (1807). - Leipzig 1960

HUMBOLDT, A.v.: Ansichten der Natur. - Hrsgg. u. eingeleitet von H. Scurla. - Berlin 1959

Alexander von HUMBOLDTs Vorlesungen über physikalische Geographie nebst Prolegomenen über die Stellung der Gestirne. - Kollegnachschrift v. 1827-1828. - Berlin 1934

JACOB, G.: Begrüßungsansprache. - In: Carl Ritter - Werk und Wirkungen. - Wiss. Abh.d.Geogr.Gesellsch.d.DDR, Bd.16. - Gotha 1983, S.9-10

JUNGHUHN, F.W.: Java - seine Gestalt, Pflanzendecke und innere Bauart. - 3 Bde., Leipzig 1857

KÄNEL, A.v.: Siedlungsstruktur und Gemeindetypen im Bezirk Rostock. - Mitt.f. Agrargeogr., ldw. Regionalplanung u. ausländ. Landw., Nr.28 = Wiss.Z.Univ.Halle (Halle) **17**(1968)M2, S.287-306

KEDROW, B.M.: Klassifizierung der Wissenschaften. - Berlin-Moskau 1975 (Bd.1) und 1976 (Bd.2)

KIND, G., u. D.Scholz: Arbeitsmethoden in der Ökonomischen Geographie. - Lehrmaterial zur Ausbildung von Diplomfachlehrern/Geographie. - Potsdam 1973

KLAUS, G.: Spezielle Erkenntnistheorie: Prinzipien der wissenschaftlichen Theoriebildung. - Berlin 1965

KLEMM, P.G.: Philosophische und methodische Probleme der faktorenanalytischen Typenbestimmung. - Berlin 1965. - Univ., Philosoph.Fak.,Diss. (ungedr.)

KLÖDEN, G.A.v.: Erdkunde. - In: Meyers Konversations-Lexikon. - 3. gänzl. umgearb. Aufl., Bd.6. - Leipzig 1875, S.237-239

KÖHLER, F.: 125 Jahrgänge von Petermanns Geographischen Mitteilungen - Wandlungen im Profil einer Zeitschrift. - In: Petermanns Geogr.Mitt. - Gotha **125**(1981)1, S.1-10; 2, S.109-115

KÖPPEN, W.: Versuch einer Klassifikation der Klimate, vorzugsweise nach ihren Beziehungen zur Pflanzenwelt. - In: Geogr. Zeitschr. - Leipzig **6**(1900)11, S.593-611; 12, S.657-679

KÖPPEN, W.: Die Klimate der Erde. - Berlin-Leipzig 1923

KRAMER, G.: Carl Ritter: Ein Lebensbild nach seinem handschriftlichen Nachlaß. - Halle 1864 (Bd.I) u. 1870 (Bd.II)

KRETSCHMER, E.: Körperbau und Charakter. - 25.erg.Aufl., Berlin-Heidelberg-New York 1967

KRÜMMEL, O.: Die Haupttypen der natürlichen Seehäfen. - In: Globus. - Braunschweig **60**(1891)21, S.321-325

KUGLER, H.: Aufgaben, Grundsätze und methodische Wege für großmaßstäbiges geomorphologisches Kartieren. - In: Petermanns Geogr.Mitt. - Gotha **109**(1965)4, S.241-257

KUGLER, H.: Das Georelief und seine kartographische Modellierung. - Halle 1974. - Univ., Math.-nat.Fak., Diss.B (ungedr.)

LAUTENSACH, H.: Über die Begriffe Typus und Individuum in der geographischen Forschung. - Münchner Geogr.Hefte, H.3. - Kallmünz-Regensburg 1953

LEHMANN, E.: Die Typisierung als Problem der kartographischen Darstellung im "Atlas DDR". - In: Petermanns Geogr.Mitt. - Gotha **112**(1968)1, S.61-71

LEHMANN, E.: Carl Ritters Vermächtnis. - In: Carl Ritter - Werk und Wirkungen.-Wiss.Abh.d.Geogr.Gesell.d.DDR, Bd.16. - Gotha 1983, S.15-43

LEHMANN, H.: Die Gemeindetypen: Beiträge zur siedlungskundlichen Grundlegung von Stadt- und Dorfplanung. - Berlin 1956

LEUSCHNER, D.: Einführung in die numerische Taxonomie. - Jena 1974

Lexikon sprachwissenschaftlicher Termini. - Leipzig 1985

LEY, H.: Zum Naturbild der klassischen deutschen Philosophie. - In: Naturphilosophie - von der Spekulation zur Wissenschaft. - Berlin 1969, S.133-186

LEYKAUF, J., u. M.SCHRAMM: Kleinstädte und kleine Siedlungen und ihre Bedeutung für die Entwicklung der Siedlungsstruktur. - In: Ballungsgebiete in der DDR. - Wiss. Beiträge d. Martin-Luther-Univ. Halle-Wittenberg 1981/16(Q7). - Halle 1981, S.112-123

LIEBEROTH, I.: Bodenkunde - Bodenfruchtbarkeit. - 2., völlig neubearb. Aufl. Berlin 1969

LIEBSCHER, W.: System. - In: Philosophie und Naturwissenschaften: Wörterbuch. - 2., durchges. Aufl., Berlin 1983, S.881-886

LIEDEMIT, F.: Die typologischen Forschungsmethoden in erkenntnistheoretischer Sicht. - In: Dt.Zeitschr.f.Philosophie. - Berlin **13**(1965)12, S.1487-1500

LÖTHER, M.: Hegels Bild der lebenden Natur und die Biologie. - In: Zum Hegelverständnis unserer Zeit. - Berlin 1972a, S.253-268

LÖTHER, M.: Die Beherrschung der Mannigfaltigkeit: Philosophische Grundlagen der Taxonomie. - Jena 1972b

LÜDDE, J.G.: Ueber das naturwissenschaftliche und das statistische Prinzip in der Beschreibung, namentlich in der Monographie geographischer und statistischer Individualitäten beim Schulunterrichte. - In: Zeitschr.f.vergleich.Erdkunde. - Magdeburg **2**(1843)2, S.150-166

LÜDDE, J.G.: Rezension zu F. H. v. Kittlitz: 24 Vegetations-Ansichten von Küstenländern und Inseln des Stillen-Oceans (Siegen 1845, 3.Lfg.). - In: Zeitschr.f. vergleich.Erdkunde. - Magdeburg **3**(1846)4, S.311-313; 5, S.375-385; 6, S.458-464

LÜDDE, J.G.: Die Geschichte der Methodologie der Erdkunde. - Leipzig 1849

MACKENSEN, L.: Deutsche Etymologie: Ein Leitfaden durch die Geschichte des deutschen Wortschatzes. - Birsfelden-Basel 1977

MAERGOIZ, I.M.: Fragen der Typologie in der Ökonomischen Geographie. - In: Petermanns Geogr.Mitt. - Gotha-Leipzig **111**(1967)3, S.161-178

MARGRAF, O.: Quantitative Analyse hierarchischer Strukturen. - Beiträge zur Forschungstechnologie, Bd.16. - Berlin 1987

MARTHE, F.: Begriff, Ziel und Methode der Geographie und v. Richthofen's China, Bd.I. - In: Zeitschr.d.Gesellschaft f.Erdk.zu Berlin. - Berlin **12**(1877)6, S.422-478

MAURER, H.: Ebene Kugelbilder: Ein Linnésches System der Kartenentwürfe. - In: Petermanns Geogr.Mitt., Erg. - H.221, Gotha 1935

MERESTE, U.I., u. S.I. NYMMIK: Sovremennaja geografija: voprosy teorii. - Moskva 1984

Meyers Neues Lexikon. - 2., völlig neu erarb. Aufl. in 18 Bdn. - Leipzig 1971-1978

MICHAJLOV, J.P.: Sistemnyj podchod i geografija. - In: Metodologičeskie voprosy geografii. - Irkutsk 1977, S.9-23

MOCEK, R.: Gedanken über die Wissenschaft: Die Wissenschaft als Gegenstand der Philosophie. - Berlin 1980

NATHO, G.: Taxonomie. - In: Philosophie und Naturwissenschaften: Wörterbuch.- 2., durchges.Aufl., Berlin 1983, S.897-899

NEEF, E.: Die theoretischen Grundlagen der Landschaftslehre. - Gotha-Leipzig 1967

NEEF, E.: Topologische und chorologische Arbeitsweisen in der Landschaftsforschung. - In: Petermanns Geogr.Mitt. - Gotha **107**(1963)4, S.249-259

NEEF, E.: Vorbemerkung zu "Zur Diskussion gestellt". - In: Petermanns Geogr.Mitt. - Gotha **113**(1969)1, S.49

NEEF, E.: Der Verlust der Anschaulichkeit in der Geographie und das Problem der Kulturlandschaft. - In: Sitzungsber.d.Sächs.Ak.d.Wiss. zu Leipzig, Math.-nat. Klasse. - Berlin **115**(1981)6

NEEF, E., u. H.RICHTER, H.BARSCH, G.HAASE: Beiträge zur Klärung der Terminologie in der Landschaftsforschung. - Geogr.Inst.d.Ak.d.Wiss.d.DDR, als Manuskript vervielfältigt. - Leipzig 1973

NEUMEISTER, H.: Raumtypisierung und Faktorenanalyse. - In: Sozialistische Gesellschaft und Territorium in der DDR. - Wiss.Abh.d.Geogr.Gesellschaft d. DDR, Bd.9. - Leipzig 1972, S.243-256

OKUN', J. (=OKÓŃ): Faktornyj analiz. - Moskva 1974

OWTSCHINNIKOW, N.F.: Methodologie der Wissenschaft: Theoretisierung des Wissens. - In: Gesellschaftswissenschaften. - Moskau (1979)2 (**18**), S.122-138

PASSARGE, S.: Physiologische Morphologie. - Hamburg 1912 (=Mitt.d.Geogr.Gesellschaft in Hamburg, Bd.26, H.2)

PAUL, S.: Objektive Gesetze: Klassifizierung - symbolische Darstellung - mathematische Abbildung. - Berlin 1979

PAWELZIG, G.: Die Struktur der Realität und die wissenschaftliche Abstraktion. - In: Biologie in der Schule. - Berlin **16**(1967)1, S.21-24

PAWELZIG, G.: Individuum. - In: Philosophie und Naturwissenschaften: Wörterbuch. - 2., durchges.Aufl., Berlin 1983, S.383-384

PAWŁOWSKI, T.: Methodologische Probleme in den Geistes- und Sozialwissenschaften. - Warszawa 1975

PENCK, A.: Morphologie der Erdoberfläche. - 2 Bde., Stuttgart 1894

PENCK, A.: Versuch einer Klimaklassifikation auf physiogeographischer Grundlage. - In: Sitzungsber.d.Königl.Preuß. Ak.d.Wiss.zu Berlin. - Berlin (1910)12, S.236-246

PESCHEL, O.: Abhandlungen zur Erd- und Völkerkunde. - Hrsgg. v. J. Löwenberg. - Leipzig 1877 (Bd.1), 1878 (Bd.II), 1879 (Bd.III)

PETERMANN, A.: Vorwort. - In: Petermanns Geogr.Mitt. - Gotha **1**(1855)1, S.1-2

Petermanns Geographische Mitteilungen. - Gotha bzw. Gotha-Leipzig **1**(1855) bis **131**(1987)

PHILIPPSON, A.: Die Morphologie der Erdoberfläche in dem letzten Jahrzehnt (1885-1894). - In: Geogr.Zeitschr. - Leipzig **2**(1896)9, S.512-527; 10, S.557-576; 11, S.626-639; 12, S.688-703

Philosophisches Wörterbuch. - 2 Bde. - 10., neubearb.u.erw.Aufl. Leipzig 1974

PLEWE, E.: Untersuchungen über den Begriff der "vergleichenden" Erdkunde und seine Anwendung in der neueren Geographie. - In: Zeitschr.d.Gesellschaft f.Erdkunde zu Berlin. - Berlin 1932, Erg.-H.IV

PLEWE, E.: Carl Ritter - Hinweise und Versuche zu einer Deutung seiner Entwicklung. - In: Die Erde. - Berlin **90**(1959)2, S.98-166

POKŠIŠEVSKIJ, V.V.: Über den Charakter der Gesetzmäßigkeiten der ökonomischen Geographie. - In: Petermanns Geogr.Mitt. - Gotha **107**(1963)3, S.230-238

RATZEL, F.: Anthropogeographie. - Stuttgart 1882 (Bd.I) u. 1891(Bd.II)

REMANE, A.: Die Grundlagen des natürlichen Systems, der vergleichenden Anatomie und der Phylogenetik: Theoretische Morphologie und Systematik I. - 2.Aufl., Leipzig 1956 (Nachdruck Koenigstein/Taunus, 1971)

RICHTER, H.: Naturräumliche Ordnung. In: Probleme der landschaftsökologischen Erkundung und naturräumlichen Gliederung. - Wiss.Abh.d.Geogr.Gesellschaft d.DDR, Bd.5. - Leipzig 1967, S.129-160

RICHTER, H., u. H.BARSCH: Physische Geographie der Deutschen Demokratischen Republik: (2.) Abriß der Naturraumtypen. - Lehrbriefe für das Fernstudium der Lehrer. - Potsdam 1974

RICHTHOFEN, F.v.: Führer für Forschungsreisende: Anleitung zu Beobachtungen über Gegenstände der physischen Geographie und Geologie. - Berlin 1886

Richtlinie für die Bildung und Kennzeichnung der Kartierungseinheiten der "Naturraumtypen-Karte der DDR im mittleren Maßstab". - Inst.f.Geogr.u.Geoökologie d. Ak.d.Wiss.d.DDR, Wiss.Mitteilungen, Sonderheft 3. - Leipzig 1985

RITTER, C.: Die Erdkunde im Verhältniß zur Natur und zur Geschichte des Menschen, oder allgemeine, vergleichende Geographie als sichere Grundlage des Studiums und Unterrichts in physikalischen und historischen Wissenschaften. - Berlin 1817 (1.Teil) und 1818 (2.Teil)

ROBERT, P.: Le Petit Robert: Dictionnaire alphabétique et analogique de la langue Française. - Paris 1986

ROUBITSCHEK, W.: Standortkräfte in der Landwirtschaft der DDR: Agrargeographische Gemeindetypen. - Gotha-Leipzig 1969

ROUBITSCHEK, W.: Regionale Strukturen der Bodennutzung und geographische Typen der Landwirtschaft der DDR. - In: Petermanns Geogr.Mitt. - Gotha **128**(1984)2, S.107-114

SALISTSCHEW, K.A.: Einführung in die Kartographie. - 2 Bde., Gotha-Leipzig 1967

SAUŠKIN, J.G.(=SAUSCHKIN): Ekonomičeskaja geografija: istorija, teorija, metody, praktika. - Moskva 1973

SAUSCHKIN, J.G.: Studien zu Geschichte und Methodologie der geographischen Wissenschaft. - Gotha-Leipzig 1978

SCHAEFER, I.: Geomorphologie. - In: Allgemeine Geographie. Das Fischer Lexikon. - Frankfurt a.M. 1959, S.125-130

SCHELLINGs Werke. - 6 Hauptbände, 6 Ergänzungsbände. - München 1927 ff.

SCHIPPAN, Th.: Einführung in die Semasiologie. - 2., überarb.Aufl., Leipzig 1975

SCHIPPAN, Th.: Lexikologie der deutschen Gegenwartssprache. - Leipzig 1984. - 2., durchges.Aufl.1987

SCHMIDT, G.: Geleitwort. - In: MARGRAF, O.: Quantitative Analyse hierarchischer Strukturen.- Beiträge zur Forschungstechnologie, Bd.16. - Berlin 1987, S.IX-X

SCHMITHÜSEN, J.: Geschichte der geographischen Wissenschaft von den ersten Anfängen bis zum Ende des 18. Jahrhunderts. - Mannheim-Wien-Zürich 1970

SCHNEPPE, F.: Gemeindetypisierung auf statistischer Grundlage. - Beiträge d.Ak.f. Raumforschung u. Landesplanung, Bd.5. - Hannover 1970

SCHOLZ, D., u. G.KIND, E.SCHOLZ, H.BARSCH: Geographische Arbeitsmethoden. - Studienbücherei Geographie für Lehrer, Bd.1. - 2. Aufl., Gotha-Leipzig 1979

SCHOLZ, D.: Typologie des Wirtschaftsraumes. - In: HERZ, K., u. G.MOHS, D.SCHOLZ: Analyse der Landschaft. Analyse und Typologie des Wirtschaftsraumes. - Studienbücherei Geographie für Lehrer, Bd.6. - Gotha-Leipzig 1980, S.128-141

ŠTOFF, V.A.: Modellierung und Philosophie. - Berlin 1969

SCHREIBER, P.: Zur Umwälzung der Vorstellungen von Wesen und Inhalt der Mathematik zwischen 1871 und 1917. - In: Wissenschaft im kapitalistischen Europa 1871-1917. - Beiträge zur Wissenschaftsgeschichte. - Berlin 1983, S.105-116

SCHULZ, H.: Carl Ritter (1779-1859) - Weltanschauung, Weltbild und geographische Ideen. - In: Petermanns Geogr.Mitt. - Gotha-Leipzig **124**(1980)3, S.201-206

SCHULTZ, H.-D.: Die deutschsprachige Geographie von 1800 bis 1970: Ein Beitrag zur Geschichte ihrer Methodologie. - Abh.d.Geogr.Inst.d.Fr.Univ./Anthropogeographie, Bd.29. - Berlin 1980

SCHWARZ, G.: Die Entwicklung der geographischen Wissenschaft seit dem 18. Jahrhundert. - Quellensammlung zur Kulturgeschichte, Schrift 5. - Berlin 1948

SCHWOERBEL, J.: Einführung in die Limnologie. - 5., neubearb.Aufl., Jena 1984

SEGETH, D.: Elementare Logik. - 7.Aufl., Berlin 1972

SOČAVA, V.B.: Das Systemparadigma in der Geographie. - In: Petermanns Geogr. Mitt. - Gotha-Leipzig **118**(1974)3, S.161-166

STEINER, D.: Die Faktorenanalyse - ein modernes statistisches Hilfsmittel des Geographen für die objektive Raumgliederung und Typenbildung. - In: Geographica Helvetica. - Zürich **20**(1965)1, S.20-34

STEINHAGEN, H.-E., u. S.FUCHS: Objekterkennung: Einführung in die mathematischen Methoden der Zeichenerkennung. - Berlin 1976

STEPANOWA, M.D., u. W.FLEISCHER: Grundzüge der deutschen Wortbildung. - Leipzig 1985

STIEHLER, G.: Hegel, Georg Wilhelm Friedrich. - In: Philosophenlexikon. - Berlin 1982, S.344-353

SUPAN, A.: Grundzüge der Physischen Erdkunde. - Leipzig 1884. - 2., umgearb.u.verb.Aufl.1896, 6., umgearb.u.verb.Aufl.1916, 7., gänzl.umgearb.Aufl., hrsgg. v.E.Obst, Berlin-Leipzig 1927 (Bd.I) u. 1930 (Bd.II, Teil 1 u.2)

TERTON, G.: Typologische Begriffe aus methodologischer und wissenschaftstheoretischer Sicht. - In: Dt.Zeitschr.f.Philosophie. - Berlin **21**(1973)2, S.243-260

The Oxford English Dictionary. - 12 Bde. u. Suppl., Oxford 1961

THIEL, R.: Quantität oder Begriff? - Berlin 1967

THÜRMER, R.: Probabilistische Typisierung, dargestellt am Beispiel der Umlandbedeutung von Zentren in der DDR. - In: Petermanns Geogr.Mitt. - Gotha **127**(1983)2, S.89-98

THÜRMER, R.: Typ - Inhalt und Erkenntnis. - In: Quantitative Methoden der Strukturforschung und ihre Anwendung in der Geographie und Territorialplanung. - Wiss.Beiträge d. Martin-Luther-Univ. Halle-Wittenberg 1985/1. - Halle 1985, S.11-22

TIMMEL, K.: Rekreationsgeographische Typisierung am Beispiel des Erholungsgebietes Ostseeküste der DDR. - Greifswald 1985. - Univ., Sekt.Geographie, Diss.A(ungedr.)

TIRYAKIAN, E.A.: Typologies. - In: International Encyclopedia of the Social Sciences, Bd.16, o.O. (USA) 1968, S.177-186

TÖPFER, F.: Kartographische Generalisierung. - Petermanns Geogr.Mitt., Erg.-H. 276, Gotha-Leipzig 1979

TROLL, C.: Rezension zu K.MÄGDEFRAU: Geschichte der Botanik (Stuttgart 1973). - In: Die Erde. - Berlin **105**(1974)1, S.75

Universal-Lexikon oder vollständiges encyclopädisches Wörterbuch. - Hrsgg. v.H.A.Pierer, 26 Bde.. - Altenburg 1822-1836

Unsere Erde: Eine moderne Geologie. - 3., überarb. Aufl., Leipzig-Jena-Berlin 1983

VARENIUS, B.: Geographia Generalis. - Ausgabe Amstelodami (Amsterdam) 1671. - Ausgabe Cantabrigiae (Cambridge) 1681, überarb. v. Isaac Newton

VOGEL, F.: Probleme und Verfahren der numerischen Klassifikation. - Göttingen 1975

VOIGT, W.: Typus. - In: Philosophie und Naturwissenschaften: Wörterbuch. - 2., durchges. Aufl. Berlin 1983, S.941-942

WAGNER, H.: Der gegenwärtige Standpunkt der Methodik der Erdkunde. - In: Geographisches Jahrbuch, Bd.VII. - Gotha 1878, S.550-636

WEBER, Egon: Entwicklungs-, Bewegungs- und Strukturtypen: Zu einigen Problemen der Bevölkerungsentwicklung in der Deutschen Demokratischen Republik von 1939 bis 1965. - In: Petermanns Geogr.Mitt. - Gotha-Leipzig **113**(1969)3, S.201-219

WEBER, Egon: Entwicklung, gegenwärtiger Stand und Perspektive der Bevölkerungsgeographie. - In: Die Teildisziplinen der Ökonomischen Geographie in der DDR. - Petermanns Geogr.Mitt., Erg.-H.284. - Gotha 1985, S.17-30

WEBER, Erna: Einführung in die Faktorenanalyse. - Jena 1974

WEGNER, E.: Ein Beitrag zur Frage der Historischen Geographie. - In: Wiss.Abh.d.Geogr.Gesellschaft d. DDR, Bd.8. - Gotha-Leipzig 1970, S.9-25

WEISSE, R.: Die glaziale Entstehung von Kleinsenken. - In: Petermanns Geogr.Mitt. - Gotha **131**(1987)2, S.103-111

WENDT, H.: Natur und Technik - Theorie und Strategie. - Berlin 1976

WESSEL, H.: Logik. - 2., durchges. Aufl., Berlin 1986

WILHELM, F.: Schnee- und Gletscherkunde. - Berlin-New York 1975

WINDELBAND, U.: Typologisierung städtischer Siedlungen: Erkenntnistheoretische Probleme in der ökonomischen Geographie. - Gotha-Leipzig 1973

WIRTH, E.: Theoretische Geographie: Grundzüge einer Theoretischen Kulturgeographie. - Stuttgart 1979

WITT, W.: Die Notwendigkeit und Problematik der Typenbildung in der thematischen Kartographie. - In: Untersuchungen zur thematischen Kartographie (3.Teil). - Forschungs- und Sitzungsber. d.Ak.f.Raumforschung u. Landesplanung, Bd.86. - Hannover 1973, S.1-13

WITT, W.: Typenkarten. - In: Lexikon der Kartographie. - Enzyklopädie "Die Kartographie und ihre Randgebiete", Bd.8. - Wien 1979, S.573-575

Wörterbuch der Psychologie. - Leipzig 1976

WOLLKOPF, H.-F.: Schätzung regionaler Parameter mittels faktorenanalytischer Gemeindetypisierung: Dargestellt an einem Beispiel der Gemüseversorgung im Bezirk Schwerin. - In: Mitt. f. Agrargeogr., ldw. Regionalplanung u. ausländ. Landw., Nr.58 = Wiss.Z.Univ. Halle (Halle) **26**(1977)M1, S.5-18

Wortschatz der deutschen Sprache in der DDR. - Leipzig 1987

Zeitschrift für Erdkunde. - Bis Jg.**2** (1843) Zeitschrift für vergleichende Erdkunde, Jahrgänge **1-7**, Magdeburg 1842-1850

VERZEICHNIS DER TABELLEN

Sachregister